# REALSCHULE TRAINING

Kurt Hofmann

## Mathematik I und II/III

### Funktionen
### 8. – 10. Klasse

**STARK**

Dieses Buch wurde nach der neuen Rechschreibung abgefasst.

ISBN: 3-89449-279-1

© 1996 by Stark Verlagsgesellschaft mbH · D-85318 Freising · Postfach 1852 · Tel. (0 81 61) 17 90
1. Auflage 1996

# Inhalt

*Fortsetzung siehe nächste Seite*

*(Die Klammer gibt an, in welcher Wahlpflichtfächergruppe und Jahrgangsstufe ein Thema verbindlich vorgeschrieben ist.)*

# Vorwort

**Liebe Schülerin, lieber Schüler,**

dieses Buch ist als Trainingsband für alle Wahlpflichtfächergruppen der Klassen 8 bis 10 konzipiert.

Es richtet sich an Schülerinnen und Schüler der
**8. und 9. Jahrgangsstufe der Wahlpflichtfächergruppe I**
bzw. der
**9. und 10. Jahrgangsstufe der Wahlpflichtfächergruppen II und III,**
die außerhalb des Unterrichts üben und Wissenslücken schließen möchten oder sich gezielt auf Schulaufgaben, Nachprüfungen bzw. auf die Abschlussprüfung vorbereiten wollen.

Die Verwendungsform spiegelt sich im Aufbau der einzelnen Kapitel wider. Jedes der vier Kapitel ist in Unterkapitel aufgeteilt, die meisten von ihnen sind nochmals untergliedert, um möglichst kleine und damit übersichtliche Lerninhalte zu erhalten.

Jedes Teilkapitel beinhaltet Definition, Merksatz und Beispiele mit ausführlichen Erläuterungen. Das zuvor Gelernte kann dann an insgesamt 185 Aufgaben, die vom Schwierigkeitsgrad her ansteigen, eingeübt werden. Am Ende des Buches gibt es zu allen Aufgaben vollständige Lösungen.

Viel Spaß und Erfolg bei der Arbeit mit diesem Band!

Kurt Hofmann

# 1
# Relationen –
# Funktionen

# 1.1 Der Relationsbegriff

Ein Schüler einer Klasse mit 25 Schülern hat sich das Ergebnis der letzten
Mathematik-Schulaufgabe notiert.

| Note | 1 | 2 | 3 | 4 | 5 | 6 |
|------|---|---|---|---|---|---|
| Schülerzahl | 2 | 5 | 8 | 6 | 3 | 1 |

Der Schüler erkennt:

8 Schüler erhielten die Note 3.

Dies ist eine Aussage.

x Schüler erhielten die Noten 3.

Lässt man die Anzahl der Schüler variabel, entsteht eine Aussageform. Hier: eine Aussageform mit der Variablen x
Grundmenge $\mathbb{G} = M_1 = \{1; 2; 3; 4; 5; 6\}$

8 Schüler erhielten die Note y.

Lässt man die Bezeichnung der Note mit y variabel, entsteht eine Aussageform mit der Variablen y.
Grundmenge $\mathbb{G} = M_2 = \{0; 1; 2; ... 24; 25\}$

**x Schüler erhielten die Note y.**

Für $x \in M_1$ und $y \in M_2$ erhält man eine **Aussageform mit zwei Variablen x und y.**

Um bei einer solchen Aussageform eine Aussage zu erhalten, müssen beide
Variablen jeweils mit einer Zahl belegt werden. Man spricht von **Zahlenpaaren.**

**Zahlenpaar:** (x | y)
x: 1. Komponente (x-Komponente, x-Wert)
y: 2. Komponente (y-Komponente, y-Wert)

Da die Zahlen x und y nicht vertauscht werden können, gibt man zuerst die Zahl für x an. Man spricht von geordneten Zahlenpaaren.
Beachte $(3 | 4) \neq (4 | 3)$

Im Beispiel können $6 \cdot 26 = 156$ Belegungen durchgeführt werden. Die Menge
dieser Paare bildet die Grundmenge der Aussageform. Da sich die Anzahl der
Paare durch das Produkt aus der Anzahl der Elemente aus $M_1$ und $M_2$ berechnen
lässt, nennt man diese Menge auch Produktmenge.

Die Grundmenge zu einer Aussageform mit zwei Variablen ist eine
**Paarmenge.** Die Elemente der Grundmenge sind geordnete Zahlenpaare.
Man schreibt: $\mathbb{G} = M_1 \times M_2$

Beschreibende Form von $\mathbb{G}$: $\mathbb{G} = M_1 \times M_2$
$$= \{(x \mid y) \mid x \in M_1 \wedge y \in M_2\}$$

Aufzählende Form von $\mathbb{G}$: $\mathbb{G} = \{(1 \mid 0); (1 \mid 1); (1 \mid 2); \dots ; (1 \mid 25);$
$$(2 \mid 0); (2 \mid 1); (2 \mid 2); \dots ; (2 \mid 25);$$

$$\cdot$$
$$\cdot$$
$$\cdot$$

$$(6 \mid 0); (6 \mid 1); (6 \mid 2); \dots ; (6 \mid 25)\}$$

Beispiel:

$M_1 = \{1; 2; 3;\}$    $M_2 = \{2; 4\}$

Produktmenge:
Beschreibende Form:
$\mathbb{G} = \{(x \mid y) \mid x \in M_1 \wedge y \in M_2\} = \{1; 2; 3\} \times \{2; 4\}$
Aufzählende Form:
$\mathbb{G} = \{(1 \mid 2); (1 \mid 4); (2 \mid 2); (2 \mid 4); (3 \mid 2); (3 \mid 4)\}$

Beispiel:

$M = \{0; 2; 4\}$
Produktmenge:
$M \times M = \{(0 \mid 0); (0 \mid 2); (0 \mid 4); (2 \mid 0); (2 \mid 2); (2 \mid 4); (4 \mid 0); (4 \mid 2); (4 \mid 4)\}$

Beispiel:

Gib die aufzählende Form von $A \times B$ an für $A = \{1; 5\}$ und $B = [-1; 2]$;
$y \in \mathbb{Z}$
$A \times B = \{(1 \mid -1); (1 \mid 0); (1 \mid 1); (1 \mid 2); (5 \mid -1); (5 \mid 0); (5 \mid 1); (5 \mid 2)\}$

Beispiel:

$A = \{2\}$ und $B = \mathbb{Z}$
Die Produktmenge $A \times B$ kann nicht in einer aufzählenden Form angegeben werden, da $\mathbb{Z}$ und damit auch $A \times B$ unendlich viele Elemente besitzen.

**Aufgaben:**

1. Gib die aufzählende Form der Produktmengen $M_1 \times M_2$ und $M_2 \times M_1$ an.

   a) $M_1 = \{1; 2\}$        $M_2 = \{0\}$           b) $M_1 = \{-2, -1; 0\}$  $M_2 = \{5; 7\}$

   c) $M_1 = \{1; 4\}$        $M_2 = \{1; 2; 3\}$     d) $M_1 = \{5; 6\}$           $M_2 = \{6; 7; 8\}$

2. Gib die Produktmenge $A \times B$ in der aufzählenden Form an.

   a) $A = \{1; 2\}$                          $B = \{1; 2\}$

   b) $A = \{2; 3; 4\}$                       $B = \{y \mid y < 3 \wedge y \in \mathbb{N}\}$

   c) $A = \{x \mid x > -4 \wedge x < 2\}, x \in R$   $B = \{1\}$

   d) $A = [-1; 2], x \in \mathbb{Z}$              $B = [0; 3], y \in \mathbb{N}_0$

   e) $A = [-5; 0], x \in \mathbb{Z}$              $B = \{-1; 1\}$

   f) $A = \{x \mid 4 \leq x < 7\}, x \in \mathbb{N}$   $B = [1; 2], y \in \mathbb{N}$

## 1.1.1 Pfeildiagramm und Graph

Eine Produktmenge lässt sich auf zwei Arten zeichnerisch darstellen.

Beispiel:

$M_1 = \{2; 4\}, \quad M_2 = \{1; 2; 3\}$

Pfeildiagramm:                                    Koordinatensystem:

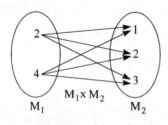                              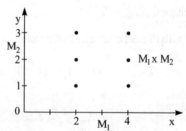

Jedes Zahlenpaar wird durch einen        Jedes Zahlenpaar wird im Koordi-
**Pfeil** dargestellt, die Produktmenge      natensystem durch einen **Punkt**
durch die Menge der Pfeile.                  dargestellt. Die Menge der Punkte
                                             bildet den Graph der Produktmenge.

**Aufgaben:**

**3.** Gib die Produktmenge $A \times B$ in der aufzählenden Form an und zeichne das Pfeildiagramm und den Graphen.

a) $A = \{2; 4; 6\}$ $\qquad\qquad$ $B = \{1; 3; 5\}$

b) $A = \{x \mid -2 \le x < 1, x \in \mathbb{Z}\}$ $\qquad$ $B = \{y \mid 1 < y \le 4, y \in \mathbb{Z}\}$

c) $A = B = [3; 7]$ $\quad x \in \mathbb{N}, y \in \mathbb{N}$

d) $A = \{0; 2\}$ $\qquad\qquad$ $B = [-4; 3], y \in \mathbb{Z}$

**4.** Zeichne den Graphen der Punktmenge.

a) $\{1\} \times \mathbb{N}_0$ $\qquad\qquad$ b) $\mathbb{Z} \times \{2, 3\}$

c) $\{x \mid 2 \le x \le 5\} \times \{2; 3\}$ $\qquad$ d) $\{x \mid 3 \le x \le 4\} \times \{y \mid 1 \le y \le 2\}$

e) $\mathbb{Q}^+ \times \{1\}$ $\qquad\qquad$ f) $\{1, 3\} \times \mathbb{Q}$

g) $\mathbb{N}_0 \times \mathbb{N}_0$ $\qquad\qquad$ h) $\mathbb{Z} \times \mathbb{Z}$

Bei einer Belegung einer Aussageform mit zwei Variablen entsteht eine wahre oder eine falsche Aussage. Ein Zahlenpaar, das eine wahre Aussage erzeugt, heißt **Lösungselement**.

**Definition:** Die Lösungsmenge einer Aussageform mit zwei Variablen $x \in M_1$ und $y \in M_2$ heißt **Relation R** mit der Grundmenge $\mathbb{G} = M_1 \times M_2$.
Die Aussageform nennt man Relationsvorschrift.

Beispiel:

Einführungsbeispiel (Notenspiegel):
$R = \{(1 \mid 2); (2 \mid 5); (3 \mid 8); (4 \mid 7); (5 \mid 3); (6 \mid 1)\}$

Beispiel:

Gegeben ist die Aussageform $y < 2x + 2$ $\quad \mathbb{G} = \{0; 1; 2\} \times \{2; 4; 6\}$

Aufzählende Form der Grundmenge:
$\mathbb{G} = \{(0 \mid 2); (0 \mid 4); (0 \mid 6); (1 \mid 2); (1 \mid 4); (1 \mid 6); (2 \mid 2); (2 \mid 4); (2 \mid 6)\}$

Relationsvorschrift:
$y < 2x + 2$

$R = \{(x \mid y) \mid y < 2x + 2\}$        Relation der beschreibenden Form

Um R in der aufzählenden Form zu erhalten, setzt man der Reihe nach alle x-Werte von $\{0; 1; 2\}$ ein und berechnet die zweiten Komponenten y.

$x = 0$:   $y < 2 \cdot 0 + 2$
        $y < 2$

Für $x = 0$ kommt kein y-Wert wegen $M_2 = \{2; 4; 6\}$ in Frage.

$x = 1$:   $y < 2 \cdot 1 + 2$
        $y < 4$

Es kommt für y die Zahl 2 in Frage.

$x = 2$:   $y < 2 \cdot 2 + 2$
        $y < 6$

Für $y = 2$ bzw. $y = 4$ entstehen wahre Aussagen.

also: $R = \{(1 \mid 2); (2 \mid 2); (2 \mid 4)\}$        Relation der aufzählenden Form

Pfeildiagramm:                Graph:

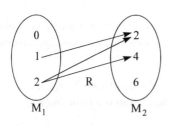 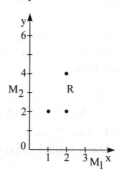

Beispiel:

$x^2 - y = 2$      $\mathbb{G} = M \times M; \quad M = \{-1; 0; 1; 2; 3; 4\}$

Relationsvorschrift: $y = x^2 - 2$

Um die Relation in der aufzählenden Form zu erhalten, löst man zweckmäßigerweise die Gleichung nach y auf.
Man erhält:

$x = -1 \Rightarrow y = -1$
$x = 0 \Rightarrow y = -2 \notin M$
$x = 1 \Rightarrow y = -1$
$x = 2 \Rightarrow y = 2$
$x = 3 \Rightarrow y = 7 \notin M$
$x = 4 \Rightarrow y = 14 \notin M$

$R = \{(-1 \mid -1); (1 \mid -1); (2 \mid 2)\}$

Pfeildiagramm:                              Graph:

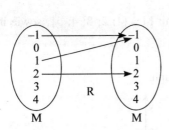

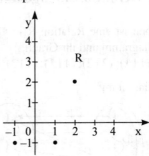

## Aufgaben:

**5.** Bestimme die Relation in der aufzählenden Form und zeichne das Pfeildiagramm und den Graphen R.

a) $x = y + 2$      $\mathbb{G} = [-2; 2] \times \mathbb{Z}$      $x, y \in \mathbb{Z}$

b) $x - 2y > 0$      $\mathbb{G} = [0; 9] \times \mathbb{N}$      $x \in \mathbb{N}$

c) $x^2 + 3y = 9$      $\mathbb{G} = [-3; 3] \times \mathbb{N}_0$      $x \times \mathbb{Z}$

d) $2x - y + 1 = 0$      $\mathbb{G} = M \times M$      $M = \{0; 2; 4; 6; 8\}$

**6.** Zeichne den Graphen der Relation.

a) $y = x - 3$      $\mathbb{G} = \{-1; 0; 1; 2\} \times \mathbb{Q}$

b) $x > y$      $\mathbb{G} = \mathbb{Z} \times \mathbb{Z}$

c) $y = |x|$      $\mathbb{G} = [-4; 4] \times \mathbb{Q}, x \in \mathbb{Z}$

d) $y > x - 2$      $\mathbb{G} = \mathbb{Z} \times \mathbb{N}$

**7.** Gib die Zahlenpaare von R mit $y = 0,5x - 3$ an und zeichne den Graphen der Relation.

a) $\mathbb{G} = \{0; 1; 2; 3; 4\} \times \{-2,5; -2; -1,5; -1; -0,5\}$

b) $\mathbb{G} = \{4; 6; 8; 10; 12\} \times \mathbb{N}$

c) $\mathbb{G} = \mathbb{N} \times \mathbb{N}; x \leq 8$

d) $\mathbb{G} = [0; 8] \times [0; 5]; x \in \mathbb{N}_0; y \in \mathbb{Q}$

## 1.1.2 Definitionsmenge und Wertemenge

Gegeben ist eine Relation R in $G = M \times M$ mit $M = \{1; 2; 3; 4; 5\}$, sowie ihr
Pfeildiagramm und ihr Graph.
$R = \{(1 \mid 1); (2 \mid 2); (4 \mid 1); (4 \mid 3); (5 \mid 4)\}$

Pfeildiagramm:                                              Graph:

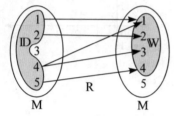

R wird durch 5 Pfeile dargestellt.

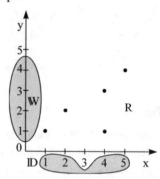

R wird durch 5 Punkte dargestellt.

*Wir stellen fest:*

In der aufzählenden Form:      3 kommt nicht als x-Komponente vor.

Im Pfeildiagramm:             Von 3 geht kein Pfeil aus.

Im Koordinatensystem:        Auf der Parallelen zur y-Achse durch $(3 \mid 0)$
                             liegt kein Punkt von R.

**Definition:**    Die Menge aller x-Komponenten, die in der Relation vorkom-
                  men, heißt **Definitionsmenge D** der Relation R.
                  D ist eine Teilmenge von $M_1$.

Schreibweise:   $D = M \backslash \{3\} = \{1; 2; 4; 5\}$

*Wir stellen fest:*

In der aufzählenden Form:      5 kommt nicht als y-Komponente vor.

Im Pfeildiagramm:             Auf 5 zeigt kein Pfeil.

Im Koordinatensystem:        Auf der Parallelen zur x-Achse durch $(0 \mid 5)$
                             liegt kein Punkt.

| **Definition:** | Die Menge aller y-Komponenten, die in der Relation vorkommen, heißt **Wertemenge W** der Relation R. |
|---|---|

$W$ ist eine Teilmenge von $M_2$.

Schreibweise:   $W = M \setminus \{5\} = \{1; 2; 3; 4\}$
Es gilt:        $\mathbb{D} \times W \subseteq \mathbb{G}$

Beispiel:

Gegeben ist R mit der Vorschrift $4x + 2y \leq 10$ mit $\mathbb{G} = M \times M$; $M = \{1; 2; 3; 4; 5\}$. Gib R in der beschreibenden und aufzählenden Form an, sowie Definitions- und Wertemenge von R. Zeichne den Graph von R.

Beschreibende Form:

$R = \{(x \mid y) \mid 4x + 2y \leq 10\}$
$\phantom{R} = \{(x \mid y) \mid y \leq 5 - 2x\}$
$\mathbb{G} = M \times M$

Wenn möglich, löst man die Aussageform nach y auf.

Aufzählende Form:

$R = \{(1 \mid 1), (1 \mid 2), (1 \mid 3), (2 \mid 1)\}$
Definitionsmenge:   $\mathbb{D} = \{1; 2\}$
Wertemenge:        $W = \{1; 2; 3\}$

In R kommen die x-Komponenten 1 und 2 vor.
In R kommen die y-Komponenten 1, 2 und 3 vor.

Graph:

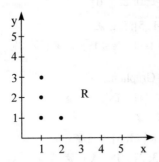

**Aufgaben:**

**8.** Bestimme Definitionsmenge und Wertemenge der Relation.

    a)  R = {(–2 | 4); (–1 | 4); (0 | –2); (2; –2); (4 | 0)}

    b)  R = {(–4 | 5); (–2 | 0); (0 | 0); (–2 | 5); (4 | 5)}

    c)  R = {(1 | 1); (3 | 1); (5 | 1); (7 | 1)}

    d)  R = {(4,5 | –2); (4,5 | 0); (4,5 | 2); (4,5 | 4)}

**9.** Gib die Relation in der aufzählenden Form sowie $\mathbb{D}$ und $\mathbb{W}$ an.

    a)

    b)

**10.** Bestimme R mit $\mathbb{G} = M \times \mathbb{Q}$ in der aufzählenden Form und gib $\mathbb{D}$ und $\mathbb{W}$ an.

    a)  $y = 2x - 1$                 $M = \{-2; -1; 0; 1; 2; 3\}$

    b)  $y = (x + 2)(x - 4)$       $M = \{-2; 0; 2; 4; 6\}$

    c)  $y = \frac{1}{2}(x - 1)^2$         $M = [-1; 5], x \in \mathbb{Z}$

    d)  $y = x^2 - 4x$            $M = \{x \mid -4 \leq x \leq 1; x \in \mathbb{Z}\}$

**11.** Gib R, $\mathbb{D}$, $\mathbb{W}$ an und zeichne den Graphen.

    a)  $y < x$               $\mathbb{G} = [-2; 4] \times \mathbb{N}_0, x \in \mathbb{Z}$

    b)  $x - y \leq 4$         $\mathbb{G} = \mathbb{N} \times \mathbb{Z}^-$

    c)  $y > x(x - 4)$     $\mathbb{G} = R \times [-3; 3], y \in \mathbb{Z}$

    d)  $y \leq |x|$            $\mathbb{G} = [-3; 3] \times \mathbb{N}_0, x \in \mathbb{Z}$

## 1.2   Die Funktion als besondere Relation

Ein Sonderfall einer Relation spielt in der Mathematik eine wesentliche Rolle.

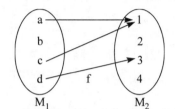

*Wir stellen fest:*
Von jedem x-Wert von $M_1$ geht höchstens ein Pfeil aus.

| **Definition:** | Eine Relation R heißt eindeutig, wenn jeder x-Komponente höchstens eine y-Komponente zugeordnet wird. Eine eindeutige Relation nennt man **Funktion f**. |
|---|---|

### 1.2.1  Darstellung und Erkennungsmerkmale einer Funktion

Beispiel:

$$y = \frac{1}{2} x^2 - 3 \qquad \mathbb{G} = M \times \mathbb{Z}, M = \{-2; 0; 2; 4\}$$

Funktionsvorschrift:
Die Relation ist eine Funktion,
die Gleichung ist Funktionsvorschrift.

Zu jedem $x \in M$ lässt sich eindeutig ein y-Wert berechnen.

Punktmengenschreibweise:

Beschreibende Form:

$$f = \{(x \mid y) \mid y = \frac{1}{2} x^2 - 3\}$$

Aufzählende Form:

$$f = \{(-2 \mid -1); (0 \mid -3); (2 \mid -1); (4 \mid 5)\}$$

Jede x-Komponente von R kommt nur einmal vor.
Anmerkung: y-Komponenten können mehrmals auftreten.

Wertetabelle:

| x | −2 | 0 | 2 | 4 |
|---|---|---|---|---|
| y | −1 | −3 | −1 | 5 |

Pfeildiagramm:

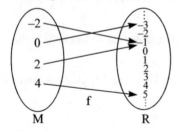

Von jedem $x \in \mathbb{D}$ geht nur ein Pfeil aus.

Graph:

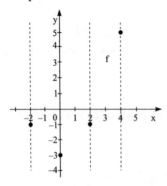

Auf jeder Parallelen zur y-Achse liegt
höchstens ein Punkt der Relation.

Funktionsterm:

Der Rechtsterm einer nach y aufgelösten Funktionsgleichung heißt
**Funktionsterm**.
Schreibweise: **y = f(x)**
Sprechweise: y ist gleich f von x.

Beispiel:

$$4x + 2y = 16 \qquad \mathbb{G} = \mathbb{N} \times \mathbb{N}$$
$$2y = 16 - 4x$$
$$y = 8 - 2x$$

Auflösen der Gleichung nach y.

Für jedes $x \in \mathbb{N}$ erhält man durch Berechnen einen eindeutigen Wert für y, also liegt eine Funktionsgleichung vor.

Funktionsterm: $f(x) = 8 - 2x$

Belegt man den Funktionsterm mit einem $x \in \mathbb{D}$, erhält man den
**Funktionswert**.
z. B.: $x = 2$:   $f(2) = 8 - 2 \cdot 2 = 4$

Beispiel:

Gegeben ist f mit $y = x^2 - 2$
$G = M \times \mathbb{Z}$, $M = \{-3; -2; -1; 0; 1; 2; 3\}$.
Gib die Definitionsmenge $\mathbb{D}$ an und zeichne den Graphen.

$\mathbb{D} = M = \{-3; -2; -1; 0; 1; 2; 3\}$

Für jeden Wert $x \in M$ erhält man
einen Wert $y \in \mathbb{Z}$ also ist $\mathbb{D} = M$.

Um den Graphen zu zeichnen,
erstellt man eine Wertetabelle.

| x | –3 | –2 | –1 | 0 | 1 | 2 | 3 |
|---|----|----|----|---|---|---|---|
| y | 7 | 2 | –1 | –2 | –1 | 2 | 7 |

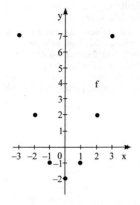

Beispiel:

Gegeben ist f mit $2x + 3y = 9$ mit $G = \mathbb{Q} \times \mathbb{Q}$.
Gib den Funktionsterm an und berechne die Termwerte für $x \in \{-3; 6; 12\}$.
Zeichne den Funktionsgraphen.

$2x + 3y = 9$                                    Auflösen nach y
$\quad 3y = 9 - 2x$
$\quad\quad y = 3 - \frac{2}{3}x$

Funktionsterm:    $f(x) = 3 - \frac{2}{3}x$

Funktionswerte:    $f(-3) = 3 - \frac{2}{3} \cdot (-3) = 5$

$\quad\quad\quad\quad f(6) = 3 - \frac{2}{3} \cdot 6 = -1$

$\quad\quad\quad\quad f(12) = 3 - \frac{2}{3} \cdot 12 = -5$

Wertetabelle:

| x | –3 | –2 | –1 | 0 | 1 | 2 | 3 | 4 |
|---|---|---|---|---|---|---|---|---|
| y | 5 | 4,3 | 3,7 | 3 | 2,3 | 1,7 | 1 | 0,3 |

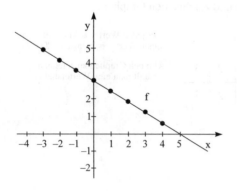

Erstellung der Tabelle:
Für jedes $x \in \mathbb{Q}$ gibt es einen
y-Wert, es gibt also in dieser Grundmenge unendlich viele Zahlenpaare,
man kann folglich für diese Funktion
weder die aufzählende Form angeben, noch eine vollständige Tabelle
und auch kein Pfeildiagramm anferti-
gen.
Man fertigt die Tabelle nur für einige
geeignete Zahlenpaare an:
z. B.: für $x \in [–3; 4]$ mit der Schritt-
weite 1, d. h. $\Delta x = 1$.

Die Tabelle liefert im Koordinatensystem einzelne Punkte. Wegen
$\mathbb{G} = \mathbb{Q} \times \mathbb{Q}$ existieren jedoch unendlich viele Punkte, die „zwischen"
den gezeichneten liegen. Der Graph
dieser Funktion ist also eine Gerade.

**Aufgaben:**

**12.0** Gegeben ist die Funktion f mit $x - 2y - 4 = 0$.

**12.1** Gib den Funktionsterm an.

**12.2** Berechne f(3), f(5), f(7).

**12.3** Berechne die x-Werte mit den Funktionswerten –3; 0; 3.

**12.4** Zeichne den Graph der Funktion.

**13.** Gegeben ist die Funktion f mit $y = 2x + 3$ mit $\mathbb{G} = M \times \mathbb{Q}$.
Zeichne den Funktionsgraphen mit verschiedenen Farben in dasselbe
Koordinatensystem und gib $\mathbb{D}$ und $\mathbb{W}$ an.

a) $M = \{-3; -2; -1; 0; 1; 2; 3\}$  b) $M = \{x \mid -3 \le x \le 2\}$  c) $M = \mathbb{Q}$

**14.** Tabellarisiere den Funktionsterm in $\mathbb{G} = M \times \mathbb{Q}$, gib $\mathbb{D}$ und $\mathbb{W}$ an.
Zeichne den Graphen.

a) $f(x) = -4x + 1$          $M = \{-1,5; -1; -0,5; 0; 0,5; 1; 1,5\}$

b) $f(x) = \frac{1}{3}x^2 - 2$          $M = \{-5; -3; -1; 1; 3; 5\}$

**15.** Erstelle eine Wertetabelle im Bereich $x \in [-2; 4]$ mit $\Delta x = 1$ und zeichne
den Graphen.

a) $y = x + 2$                    b) $x + 2y = 10$

c) $y = (x + 2)(x - 4)$          d) $y = |x - 3|$

## 1.2.2 P(x ∣ y) ∈ G(f) oder P(x ∣ y) ∉ G(f)?

Entsteht beim Einsetzen der Koordinaten eines Punktes in die Funktionsgleichung (Relationsvorschrift) eine wahre Aussage, so liegt der Punkt auf dem Graphen G(f) von f (von R); entsteht eine falsche Aussage, ist das Zahlenpaar kein Element der Funktion (der Relation), der Punkt liegt nicht auf dem Graphen von f.

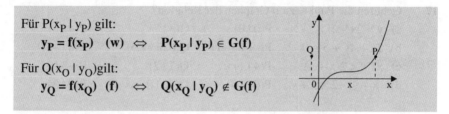

Für $P(x_P \mid y_P)$ gilt:

$$y_P = f(x_P) \quad \text{(w)} \quad \Leftrightarrow \quad P(x_P \mid y_P) \in G(f)$$

Für $Q(x_Q \mid y_Q)$ gilt:

$$y_Q = f(x_Q) \quad \text{(f)} \quad \Leftrightarrow \quad Q(x_Q \mid y_Q) \notin G(f)$$

*Anmerkung:* Ist bei einer Relation (Funktion) die Grundmenge $\mathbb{G}$ nicht angegeben, ist stets die größte Grundmenge gemeint, hier also $\mathbb{Q} \times \mathbb{Q}$.

Beispiel:

f: y = (x + 1)(x – 2)      P(3 ∣ 4), Q(–3 ∣ 11)

Einsetzen der Koordinaten von P:      künftig kurz: P eingesetzt oder P:

4 = (3 + 1)(3 – 2)

4 = 4 · 1

4 = 4      (w)      Es entsteht eine wahre Aussage, also liegt P
                    auf dem Graphen von f.

(3 ∣ 4) ∈ f bzw. P ∈ G(f)

Q eingesetzt:

11 = (–3 + 1)(–3 – 2)

11 = –2 · (–5)

11 = 10      (f)      Es entsteht eine falsche Aussage, also liegt Q
                      nicht auf dem Graphen von f.

(–3 ∣ 11) ∉ f bzw. Q ∉ G(f)

Beispiel:

R: x · y ≤ x – y      P(4 ∣ –2), Q(0 ∣ 2)

P: 4 (–2) ≤ 4 – (–2)                  Q: 0 · 2 ≤ 0 – 2

       –8 ≤ 6 (w)                            0 ≤ –2 (f)

P ∈ G(R)                              Q ∉ G(R)

**Aufgaben:**

16.  Liegen die Punkte auf dem Funktionsgraphen?
     a)  $y = 4x - 5$          P(3 | 7)          Q(–0,5 | –7)          R(3,5 | 8,5)
     b)  $3x + 4y = 12$          P(0 | 3)          Q(6 | –1)          R(–8 | 9)
     c)  $(x + 1)(y - 2) = 16$          P(3 | 6)          Q(–5 | –2)          R(15 | –1)

17.  Gehören die Punkte zum Graphen der Relation?
     a)  $y > 2x - 1$          P(0 | 0)          Q(3 | 7)          R(4 | 6)
     b)  $2x + 4y + 5 \leq 0$          P(–1,5 | –1)          Q(0,5 | –1,5)          R(8 | –5)
     c)  $x \cdot y < 2(x + 1)$          P(4 | 1)          Q(7 | 2)          R(–3 | 1)
     d)  $(x - y) \cdot 2 \geq x + y$          P(0 | –4)          Q(–2 | 0)          R(9 | 3)

## 1.2.3 Nullstellen einer Funktion

Bei Belegungen des Funktionsterms erhält man die Termwerte.
f:  $y = f(x) = 2x - 4$

Belegungen:      $f(0) = 2 \cdot 0 - 4 = 0 - 4 = -4$
                 $f(1) = 2 \cdot 1 - 4 = 2 - 4 = -2$
                 $\mathbf{f(2) = 2 \cdot 2 - 4 = 4 - 4 = 0}$

Bei der Belegung mit $x = 2$ erhält man den Funktionswert 0.

| **Definition:** | Der x-Wert, der bei der Belegung einer Funktion den Wert ergibt, heißt **Nullstelle** der Funktion. |
|---|---|

Die Nullstelle einer Funktion ist die x-Koordinate des Schnittpunktes des Funktionsgraphen mit der x-Achse.

Beispiel:

|  f:      $y = 2x + 6$ | Man setzt den Funktionsterm bzw. y Null. |
|---|---|
|  $2x + 6 = 0$ | Man bestimmt die Lösungsmenge der Gleichung. |
|  $2x = -6$ |  |
|  $x = -3$ |  |
|  $\mathbb{L} = \{-3\}$ | –3 gibt bei der Belegung des Funktionsterms 0. |
|  Nullstelle: –3 |  |

Beispiel:

f:  $y = 2x^2 - 7x$                     Man setzt $y = 0$

$x^2 - 7x = 0$                          Man klammert x aus und erhält ein Produkt mit
                                        dem Wert Null.

$x(x - 7) = 0$                          Erinnere dich: $a \cdot b = 0 \Leftrightarrow a = 0 \vee b = 0$

$x = 0 \vee x - 7 = 0$

$x = 0 \vee x = 7$

$\mathbb{L} = \{0; -7\}$

zwei Nullstellen: 0 und –7

Beispiel:

f:  $y = \frac{1}{2} x^2 - 4x + 8$          Setze $y = 0$

$\frac{1}{2} x^2 - 4x + 8 = 0$             Multipliziere die Gleichung mit 2

$x^2 - 8x + 16 = 0$                     Der LT kann als Quadrat geschrieben werden
                                        (2. binomische Formel).

$(x - 4)^2 = 0$

$x - 4 = 0$

$x = 4$

$\mathbb{L} = \{4\}$

Nullstelle: 4

Beispiel:

f:  $y = x^2 + 3x - 10$                 Setze $y = 0$

$x^2 + 3x - 10 = 0$                     Der Linksterm muss in ein Produkt verwandelt
                                        werden. Dies ist eventuell durch quadratisches
                                        Ergänzen möglich.

$x^2 + 3x + \left(\frac{3}{2}\right)^2 - \frac{9}{4} - 10 = 0$

$\left(x + \frac{3}{2}\right)^2 - \frac{49}{4} = 0$          Im Linksterm kann die 3. binomische Formel
                                        angewendet werden.

$\left(x + \frac{3}{2} + \frac{7}{2}\right)\left(x + \frac{3}{2} - \frac{7}{2}\right) = 0$

$(x + 5)(x - 2) = 0$

$x + 5 = 0 \vee x - 2 = 0$

$x = -5 \vee x = 2$

$\mathbb{L} = \{-5; 2\}$

Nullstellen: –5 und 2

**Aufgaben:**

Bestimme die Nullstellen der Funktion:

**18.**   a)  $y = 2x$                                    b)  $y = -3x - 9$

   c)  $y = -4x - \frac{1}{2}$                      d)  $y = \frac{1}{2}x - 8$

**19.**   a)  $3x + 4y - 5 = 0$                     b)  $-4x + 8y = 6$

   c)  $x - 3y + 11 = 0$                        d)  $-3x - 5y + 7 = 0$

**20.**   a)  $y = x^2 - 4x$                           b)  $y = 2x^2 + x$

   c)  $y = \frac{1}{3}x^2 + 2x$                  d)  $y = -\frac{2}{3}x^2 - 6x$

**21.**   a)  $y = x^2 - 10x + 25$               b)  $y = -x^2 - 2x - 1$

   c)  $y = 2x^2 - 8x + 8$                    d)  $y = -\frac{1}{2}x^2 + 3x - \frac{9}{2}$

**22.**   a)  $y = x^2 - 1$                             b)  $y = 4x^2 - 36$

   b)  $y = -3x^2 + 48$                         d)  $y = \frac{1}{4}x^2 - 4$

## 1.2.4 Die gebrochen-rationale Funktion

Der Funktionsterm kann ein Bruchterm sein, z. B.:

$y = \frac{4}{x}$,        $y = \frac{4}{x+3}$,        $y = \frac{-1}{x} + 2$,        $y = \frac{2}{x+3} - 2$

| **Definition:** | Eine Funktion mit einem Bruchterm als Funktionsterm heißt **gebrochen-rationale Funktion**. |
| --- | --- |
|  | Grundfunktion:  $y = \frac{k}{x}$        $\mathbb{G} = \mathbb{D} \times \mathbb{Q}$ , $x \neq 0$ |

Beispiel:

   f: $y = \frac{4}{x}$        $\mathbb{G} = \mathbb{Q} \times \mathbb{Q}$

   Definitionsmenge: $\mathbb{D} = \mathbb{D} \setminus \{0\}$

Erinnere dich: Bei einem Bruchterm muss man die Definitionsmenge bestimmen. Dies gilt auch hier. Durch Null darf man nicht dividieren, also $x \neq 0$.

$\mathbb{D} = \mathbb{Q} \setminus \{\text{Nullstellen des Nenners}\}$

Wertetabelle:

| x | –5 | –4 | –3 | –2 | –1 | 0 | 1 | 2 | 3 | 4 | 5 |
|---|----|----|----|----|----|---|---|---|----|---|----|
| y | –0,8 | –1 | –1,3 | –2 | –4 | – | 4 | 2 | 1,3 | 1 | 0,8 |

Graph:

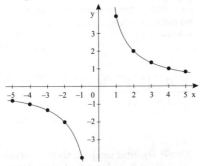

Anmerkungen:
Alle Punkte (0 | y) liegen auf der y-Achse, für sie gilt stets die Bedingung: x = 0:

x = 0 ist die Gleichung der y-Achse.

Für die Punkte (x | 0) gilt y = 0, alle Punkte liegen auf der x-Achse. Folglich gilt:

y = 0 ist die Gleichung der xAchse.

Wegen $\mathbb{D}$ kann der Graph die y-Achse nicht schneiden bzw. berühren, da in diesem Fall mindestens ein x-Wert existieren würde.

*Folgerung:* Der Graph besteht aus zwei „Ästen".

| **Definition:** | Der Graph einer gebrochen-rationalen Funktion heißt **Hyperbel**. Der Graph besteht aus zwei Hyperbelästen. |
|---|---|

Der Graph von f kommt zwar der y-Achse beliebig nahe, ohne sie jedoch zu berühren. Man nennt eine solche Gerade **Asymptote**.

Beachte:   f(0,5) = 8        f(–0,2) = –20

Gleichung der 1. Asymptote:   x = 0

Wertemenge: f:   $y = \dfrac{4}{x}$

Für y = 0 existiert kein x-Wert, der zu einer wahren Aussage führt.

$x \cdot y = 4$

$\mathbb{W} = \mathbb{Q} \setminus \{0\}$

Also muss gelten: y ≠ 0
Der Graph kann also mit der x-Achse keinen gemeinsamen Punkt besitzen, d. h.: die x-Achse ist Asymptote.

Gleichung der 2. Asymptote: y = 0

Beispiel:

f: $y = -\dfrac{3}{x+2}$          $\mathbb{G} = \mathbb{Q} \times \mathbb{Q}$

Definitionsmenge:   $\mathbb{D} = \mathbb{Q}\setminus\{-2\}$

Wertemenge:         $\mathbb{W} = \mathbb{Q}\setminus\{0\}$

Asymptoten:         $x = -2$

                    $y = 0$

Nullstelle des Nenners:
$x + 2 = 0$     $x = -2$
$y(x + 2) = -3$
$y = 0$ führt zu keiner wahren Aussage, also $y \neq 0$.

Parallele zur y-Achse durch $(-2 \mid 0)$
x-Achse

Wertetabelle:

| x | –5 | –4 | –3 | –2 | –1 | 0 | 1 |
|---|----|----|----|----|----|----|----|
| y | 1 | 1,5 | 3 | – | –3 | –1,5 | –1 |

Graph:

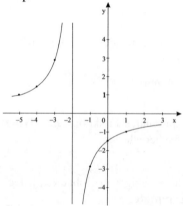

Hinweis:
Um die Hyperbel sauber zu zeichnen, ist es
sinnvoll, auch die Asymptoten in das Koordinatensystem einzuzeichnen.

**Aufgaben:**

Tabellarisiere die Funktion in $\mathbb{G} = \mathbb{Q} \times \mathbb{Q}$ im angegebenen Bereich mit $\Delta x = 1$
und zeichne den Graphen. Gib $\mathbb{D}$, $W$ und die Gleichungen der Asymptoten an.

**23.**   a) $y = \dfrac{1}{x}$          $x \in [-4; 4]$          b) $y = -\dfrac{2}{x}$          $x \in [-4; 4]$

**24.**   a) $y = \dfrac{2}{x-3}$          $x \in [-1; 7]$          b) $y = \dfrac{-4}{x+1}$          $x \in [-5; 3]$

**25.**   a) $y = \dfrac{-3}{x} + 4$          $x \in [-3; 3]$          b) $y = \dfrac{2}{x} - 3$          $x \in [-3; 3]$

**26.**   a) $y = \dfrac{4}{x+2} - 3$     $x \in [-6; 2]$          b) $y = \dfrac{6}{x-2} + 4$     $x \in [-2; 6]$

# 1.3  Umkehrrelation – Umkehrfunktion

Gegeben ist die Relation R = {(2 | 3); (3 | 4); (4 | 4); (5 | 3)} und ihr Pfeildiagramm.
Vertauscht man im Diagramm die Richtungen der Pfeile, so entsteht eine neue
Relation $R^{-1}$.

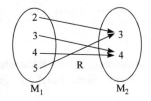   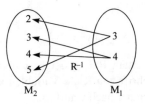

**Definition:**  Verändert man im Pfeildiagramm einer Relation R jeweils die
Pfeilrichtungen, so entsteht die **Umkehrrelation $R^{-1}$**.

Beispiel:

Gegeben ist die Relation R mit $y = \frac{1}{2} x^2$, $\mathbb{D} = \{-2; 0; 2; 4\}$, $\mathbb{W} = \{0; 2; 8\}$.
Es sollen Relation und Umkehrrelation angegeben werden.

Pfeildiagramm:

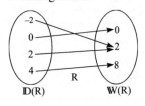   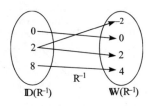

R in den aufzählenden Form:

R = {(−2 | 2); (0 | 0); (2 | 2); (4 | 8)}

R = {(2 | −2); (0 | 0); (2 | 2); (8 | 4)}

(−2 | 2)   (2 | −2)

Man erhält $R^{-1}$ in der aufzählenden Form, indem man die Komponenten der
einzelnen Zahlenpaare vertauscht.

R in der beschreibenden Form:

$R = \{(x \mid y) \mid y = \frac{1}{2}x^2\}$

$R: y = \frac{1}{2}x^2$      Vertauschen der Variablen x und y.

$R^{-1}: x = \frac{1}{2}y^2$      Man löst – wenn möglich – die Gleichung nach y auf.

$y^2 = 2x$      Die Auflösung dieser Gleichung nach y ist in $\mathbb{Q}$ nicht möglich.

$R^{-1} = \{(x \mid y) \mid y^2 = 2x\}$

Man erhält $R^{-1}$ in der beschreibenden Form, indem man in der Relationsvorschrift von R die Variablen x und y vertauscht und – wenn möglich – die Gleichung nach y auflöst.

Wertetabelle:

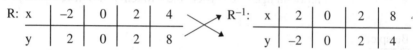

| R: x | –2 | 0 | 2 | 4 |
|---|---|---|---|---|
| y | 2 | 0 | 2 | 8 |

| $R^{-1}$: x | 2 | 0 | 2 | 8 |
|---|---|---|---|---|
| y | –2 | 0 | 2 | 4 |

Man erhält die Wertetabelle von $R^{-1}$ aus der Tabelle der Relation R, indem man die Zeilen der Tabelle vertauscht.

Graph:

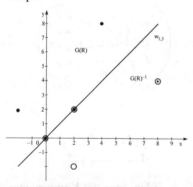

Man erhält den Graphen von $R^{-1}$ aus dem Graphen von R durch Achsenspiegelung von G(R) an der Winkelhalbierenden des I. und III. Quadranten ($w_{1,3}$).

Definitionsmenge und Wertemenge:

$\mathbb{D}(R) = \{-2; 0; 2; 4\}$     $\quad W(R) = \{0; 2; 8\}$

$\mathbb{D}(R^{-1}) = \{0; 2; 8\}$     $\quad W(R^{-1}) = \{-2; 0; 2; 4\}$

$\mathbb{D}(R^{-1}) = W(R)$     $\quad W = \mathbb{D}(R)$

Beispiel:

Gegeben ist R mit $y = \frac{1}{2}x^2 - 3$ in $G = [-1; 3] \times \mathbb{Q}$, $x \in \mathbb{Z}$.

1. Gib die aufzählende Form von $R^{-1}$ und R an.

   $R = \{(-1 | -2,5); (0 | -3); (1 | -2,5); (2 | -1); (3 | 1,5)\}$

   $R^{-1} = \{(-2,5 | -1); (-3 | 0); (-2,5 | 1); (-1 | 2); (1,5 | 3)\}$

2. Gib $R^{-1}$ in der beschreibenden Form an.

   $R:\ y = \frac{1}{2}x^2 - 3$     $\qquad$ Vertauschen von x und y

   $R^{-1}:\ x = \frac{1}{2}y^2 - 3$     $\qquad$ Auflösen nach y

   $\qquad 2x = y^2 - 6$

   $\qquad y^2 = 2x + 6$     $\qquad$ Die Gleichung kann in $\mathbb{Q}$ nicht nach y aufgelöst werden.

   $R^{-1} = \{(x | y) | y^2 = 2x + 6\}$

3. Gib Definitionsmenge und Wertemenge von $R^{-1}$ an.

   $\mathbb{D}(R) = \{-1; 0; 1; 2; 3\}$     $\qquad W(R) = \{-3; -2,5; -1; 1,5\}$

   $\mathbb{D}(R) = \{-3; -2,5; -1; 1,5\}$     $\qquad W(R^{-1}) = \{-1; 0; 1; 2; 3\}$

   $\mathbb{D}(R^{-1}) = W(R)$     $\qquad W(R^{-1}) = \mathbb{D}(R)$

Beispiel:

Gegeben ist die Relation R mit $2x + y = 10$ in $G = [2; 6] \times \mathbb{Q}$.

1. Zeichne die Graphen von R und $R^{-1}$.

   Wertetabelle:

   | x | 2 | 3 | 4 | 5 | 6 |
   |---|---|---|---|---|---|
   | y | 6 | 4 | 2 | 0 | -2 |

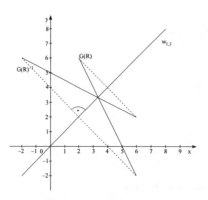

Der Graph von R ist eine Strecke
von (2 | 6) bis (6 | –2).
Den Graphen von $R^{-1}$ erhält man
durch Achsenspiegelung von G(R)
an $w_{1,3}$.

Beachte: Bei einer Strecke muss
man nur die Endpunkte abbilden.

Eine weitere Möglichkeit:
Fertige die Wertetabelle von $R^{-1}$
und zeichne die Punkte in das
Koordinatensystem ein.

2. Gib die Gleichung von $R^{-1}$ an.

R: $2x + y = 10$                          Vertauschen von x und y.
$R^{-1}$: $2y + x = 10$                   Auflösen nach y.
$\quad\quad 2y = 10 - x$
$R^{-1}$: $y = 5 - \frac{1}{2}x$

3. Gib Definitionsmenge und Wertemenge der Umkehrrelation an.

$\mathbb{D}(R) = [2; 6]$    $\mathbb{W}(R^{-1}) = [2; 6]$    $\mathbb{W}(R^{-1}) = \mathbb{D}(R)$
$\mathbb{W}(R) = [-2; 6]$    $\mathbb{D}(R^{-1}) = [-2; 6]$    $\mathbb{D}(R^{-1}) = \mathbb{W}(R)$

**Aufgaben:**

**27.** Zeichne Pfeildiagramm und Graph von $R^{-1}$. Gib $\mathbb{D}(R^{-1})$ und $\mathbb{W}(R^{-1})$ an.
   a) $R = \{(-2 | 5); (-1 | 2); (0 | 3); (1 | 0); (2 | 3)\}$
   b) $R = \{(-3 | 0); (-1 | -1), (1 | 2); (3 | 0); (5 | 2)\}$

**28.** Gib die aufzählende und die beschreibende Form von $R^{-1}$ an.
   a) R: $y = x - 2$      $\mathbb{G} = \{0; 1; 2; 3; 4\} \times \mathbb{Q}$
   b) R: $y = 2x - 3$      $\mathbb{G} = [-2; 3] \times \mathbb{Q}$
   c) R: $4x + 3y = 12$      $\mathbb{G} = [-3; 3] \times \mathbb{Z}, x \in \mathbb{Z}$
   d) R: $y = -x^2 + 36$      $\mathbb{G} = \mathbb{N} \times \mathbb{N}$

**29.** Fertige eine Wertetabelle von R. Zeichne die Graphen von R und $R^{-1}$.
   Gib die Gleichung der Umkehrrelation $R^{-1}$ an.
   a) R: $y = \frac{1}{2}x + 1$      $\mathbb{G} = [-2; 4] \times \mathbb{Q}$
   b) R: $2x - 5y = 10$      $\mathbb{G} = [0; 5] \times \mathbb{Q}$
   c) R: $y = -x^2 + 9$      $\mathbb{G} = [-3; 3] \times \mathbb{Q}$
   d) R: $(x + 1) \cdot y = 12$      $\mathbb{G} = [1; 7] \times \mathbb{Q}$

## 1.3.1 Umkehrbare Funktion

Gegeben ist die Funktion f und ihr Pfeildiagramm:

f = {(0 | 1); (1 | 3); (2 | 2)}

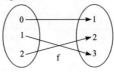

Man bildet die Umkehrrelation $R^{-1}$:

$R^{-1}$ = {(1 | 0); (3 | 1); (2 | 2)}

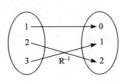

Wir stellen fest: Die Umkehrrelation ist wieder eine Funktion, also $R^{-1} = f^{-1}$.

| **Definition:** | Eine Funktion f heißt **umkehrbar**, wenn die zugehörige Umkehrrelation eine Funktion ist. |
|---|---|

In den folgenden Beispielen soll jeweils nach verschiedenen Möglichkeiten untersucht werden, ob die Funktion umkehrbar ist.

Beispiel:

Gegeben: f = {(0 | –1); (1 | –3); (2 | –1)}

Umkehrrelation:

$R^{-1}$ = {(–1 | 0); (–3 | 1); (–1 | 2)}

Der x-Wert –1 kommt in $R^{-1}$ zweimal vor $R^{-1}$ ist also keine Funktion.
Einfacher:
Der y-Wert –1 der gegebenen Funktion f kommt zweimal vor, also ist f nicht umkehrbar.

f ist nicht umkehrbar.

Beispiel:

Gegeben: f: y = –2x + 1

$R^{-1}$: x = –2y + 1          Vertauschen von x und y
   x + 2y = 1               Auflösen nach y
      2y = –x + 1
       y = –0,5x + 0,5      Für jeden x-Wert aus ID erhält man eindeutig einen y-Wert, d. h.: die Gleichung ist Funktionsgleichung.

Die Funktion f ist umkehrbar.

Beispiel:

Gegeben ist der Graph G(f) der Funktion f.

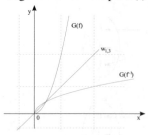

Der Graph der Umkehrrelation entsteht durch Spiegelung des Graphen von f an $w_{1,3}$.
Auf jeder Parallelen zur y-Achse liegt höchstens ein Punkt des Graphen der Umkehrfunktion, also ist $f^{-1}$ Funktion.

Einfacher:
Liegt auf jeder Parallelen zur x-Achse höchstens ein Punkt der Funktion f, ist diese umkehrbar. (Auf diese Weise muss man den Graphen der Umkehrrelation nicht zeichnen).

Beispiel:

Gegeben sind die Relationen $R_1$, $R_2$, $R_3$. Es soll untersucht werden, ob die Relationen und ihre Umkehrrelationen Funktionen sind.

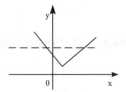  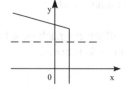  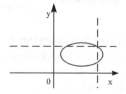

R ist Funktion

Auf der gezeichneten Parallelen zur y-Achse liegen zwei Punkte der Funktion: Die Funktion ist nicht umkehrbar.

R ist keine Funktion

Auf jeder Parallelen zur y-Achse liegt höchstens ein Punkt der Relation: Die Umkehrrelation von R ist eine Funktion.

R ist keine Funktion
$R^{-1}$ ist keine Funktion.

## 1.3.2 Relationen mit „einer" Variablen

Beispiel:

$R = \{(x \mid y) \mid y = 0\}$

Die Variable x tritt nicht auf, d.h. x unterliegt keiner Bedingung.
x kann somit mit jedem beliebigen Wert aus $\mathbb{D}$ belegt werden.
Folgende Zahlenpaare gehören z.B. der Relation an:
$(1 \mid 0)$; $(2 \mid 0)$; $(-2 \mid 0)$; $(-1 \mid 0)$
Die zugehörigen Punkte liegen auf der x-Achse.

Der Graph ist die x-Achse.

Beispiel:

R = {(x | y) | y = 2}

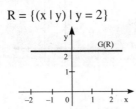

Die Variable x kann einen beliebigen Wert annehmen, der Wert für y ist konstant:
y = 2

Der Graph ist eine Parallele zur x-Achse durch T(0 | 2).

Der Graph der Relation mit y = a (a ∈ ℚ) ist eine Parallele zur x-Achse durch T(0 | a).
Die Relation ist Funktion.

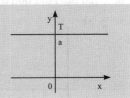

Beispiel:

R = {(x | y) | x = 0}

y
2
1
–2  –1  0   1   2   x

Der Graph ist die y-Achse.

Die Variable y tritt nicht auf, d. h. y unterliegt keiner Bedingung.

y kann somit mit jedem beliebigen Wert aus W belegt werden.
Folgende Zahlenpaare gehören somit R an:
(0 | –1), (0 | 0), (0 | 2), (0 | 6).

Die zugehörigen Punkte liegen auf der y-Achse.

Beispiel:

R = {x | y) | x = –3}

y
2
1
S
–3  –2  –1  0   1   2   x

Die Variable y kann einen beliebigen Wert annehmen. Der Wert für x ist konstant:
x = –3

Der Graph der Relation ist eine Parabelle zur y-Achse durch S(–3 | 0).

Die Relation mit y = a (a ∈ ℚ) ist **keine Funktion**.
Der Graph der Relation ist eine Parallele zur y-Achse
durch S(a | 0).

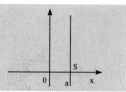

**Aufgaben:**

**30.**  Ist die Funktion mit dem gezeichneten Graphen umkehrbar? Begründe.

a)

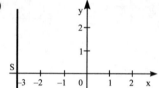

b)

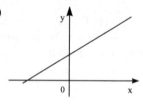

c)

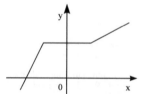

d)

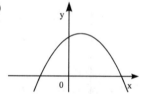

**31.**  Begründe, ob die Relation R und ihre Umkehrrelation Funktionen sind.
a)  R = {(2 | 4); (3 | 5); (7 | –1); (8 | 0); (8,5 | 2)}
b)  R = {(–1 | –1); (2 | 3); (4 | –1); (5 | 4); (1 | 2)}
c)  R = {(–2 | –4); (–1 | 3); (2 | 2); (–1 | 0)}
d)  R = {(8 | –8); (6 | –5); (–5 | 6); (6 | –8); (0 | –8)}

**32.**  Bestimme die Gleichung der Umkehrrelation. Begründe, ob eine Funktion
vorliegt.
a)  y = 0                              b)  x = 0
c)  y = 2                              d)  x = –1

**33.**  Bestimme die Gleichung der Umkehrrelation und begründe, ob die
gegebene Funktion umkehrbar ist.
a)  f:   y = x + 2                     b)  f:   3x + 4y = 7
c)  f:   y = x² + 1                    d)  f:   y = | x |
e)  f:   x · y = 4                     f)  f:   x · (y + 1) = –3

# 2

# Die lineare Funktion

# 2.1 Die Ursprungsgeraden

Aus dem Physikunterricht kennst du sicher das HOOKE'SCHE GESETZ:
Die Änderung $\Delta l$ bei einer Schraubenfeder ist innerhalb des Elastizitätsbereichs der dehnenden Kraft proportional.

$$F \sim \Delta l \qquad \Leftrightarrow \qquad \frac{F}{\Delta l} = \text{konstant} = D \qquad F = D \cdot \Delta l \quad \text{(D: Federkonstante)}$$

Der Graph ist eine Halbgerade, die vom Ursprung (Nullpunkt) ausgeht.

Betrachtet man nur die Maßzahlen der Größen $F = x$ N, $l = y$ cm, $D = m \frac{N}{cm}$, so erhält man die Gleichung $y = mx$ ($\mathbb{G} = \mathbb{Q} \times \mathbb{Q}$).

Erweiterung: Sind x, y nicht mehr Platzhalter für Maßzahlen von Größen, sondern für rationale Zahlen, ist also $\mathbb{G} = \mathbb{Q} \times \mathbb{Q}$, dann ist der Graph eine Gerade durch den Nullpunkt, eine Ursprungsgerade.

> Der Graph einer Funktion mit der Gleichung **y = mx** ($m \in \mathbb{Q}$) ist in
> $\mathbb{G} = \mathbb{Q} \times \mathbb{Q}$ eine **Ursprungsgerade**.

Da eine Gerade durch zwei Punkte eindeutig bestimmt ist, und die Urspungs-gerade durch O(0 | 0) verläuft, muss man nur die Koordinaten eines Punktes $P \in g$ kennen, um die Gerade zeichnen zu können. Eine Wertetabelle kann entfallen.

Beispiel:

Zeichne den Graphen der Funktion mit y = 2x.

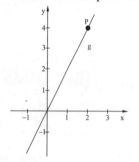

$y = 2x$

Man erhält einen Punkt P der Geraden, indem man einen beliebigen Wert für $x \in \mathbb{D}$ einsetzt und den y-Wert berechnet.

$x = 2$ ergibt:

$y = 2 \cdot 2$

$y = 4$

(2 | 4) ist ein Element von f. Einzeichnen von P, Zeichnen von g = OP.

$P(2 \mid 4) \in g$

**Aufgaben:**

34. Zeichne die Geraden mit den angegebenen Gleichungen in ein Koordinatensystem.

$g_1: y = 2,5x$     $g_2: y = \frac{1}{3}x$     $g_3: y = -x$     $g_4: y = -1,5x$

35. Löse die Gleichung nach y auf und zeichne den Graphen.

a) $4x - 3y = 0$              b) $7x + 2y = 0$

c) $-1,2x + 6y = 0$        d) $-1,2x - 0,3y = 0$

36. Prüfe rechnerisch, ob die Punkte A und B auf der Geraden g liegen.

a) $g: y = 3x$      $A(2 \mid 6)$,          $B(-1,2 \mid -3,6)$

b) $g: y = -2x$     $A(-1 \mid -2)$,       $B(3 \mid -6)$

c) $g: y = \frac{3}{2}x$      $A(3,2 \mid 4,8)$,      $B(-5 \mid -7,5)$

d) $g: y = -\frac{2}{3}x$     $A(-4,5 \mid 3)$,      $B(6,5 \mid -4)$

---

Beispiel:

Bestimme die Gleichung der Ursprungsgeraden g durch $P(2 \mid -6)$.

Gleichungstyp: $y = m \cdot x$

A eingesetzt: $-6 = m \cdot 2$          P liegt auf g, also erfüllen seine

$m = -3$                   Koordinaten die Gleichung.

                       Berechnen der Konstanten m.

g:   $y = -3x$            Angeben der Geradengleichung

---

**Aufgaben:**

37. Stelle die Gleichung der Ursprungsgeraden g durch A auf.

a) $A(4 \mid 6)$     b) $A(3 \mid -2)$     c) $A(-4 \mid 5)$     d) $A(-2 \mid -1)$

38. Prüfe rechnerisch, ob die Punkte A und B auf derselben Ursprungs-geraden liegen.

a) $A(2 \mid 5)$,     $B(-3 \mid -7,5)$      b) $A(-2 \mid 3)$,     $B(4 \mid -6)$

c) $A(5 \mid 2,5)$,     $B(-4 \mid -2,5)$     d) $A(3 \mid -7)$,     $B(-6 \mid 13)$

## 2.1.1 Steigungsfaktor – Steigungsdreieck – Geradenbüschel

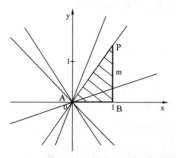

Betrachtet man keinen bestimmten Wert
für m $\in$ $\mathbb{Q}$, sondern lässt man für m alle
rationalen Zahlen zu, erhält man ein
**Geradenbüschel g(m)** mit dem Nullpunkt
als Büschelpunkt.

Die Punkte $P_n$ mit x = 1 haben sämtlich
die y-Koordinaten m, also $P_n(1 \mid m)$.

m ist verantwortlich für den Verlauf der Geraden, ob sie steigt oder ob sie fällt;
m heißt deshalb **Steigungsfaktor** (oder kurz Steigung). Das Dreieck ABP heißt
**Steigungsdreieck**, es ist ein rechtwinkliges Dreieck mit den Katheten 1 und m.

m = 0: x-Achse
m > 0: Die Gerade steigt.
m < 0: Die Gerade fällt.

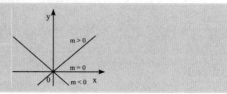

*Anmerkung:* Die Gerade auf der y-Achse gehört nicht dem Geradenbüschel an,
die Steigung m kann nicht angegeben werden. Es liegt keine Funktion vor.

Beispiel:

Zeichne die Gerade g mit y = –2,5 x mit Hilfe des Steigungsdreiecks.

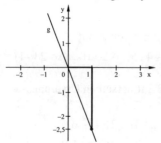

Es ist m = –2,5
Zeichne das Steigungsdreieck:
1. Möglichkeit: Zeichne P(1 ∣ –2,5) ein.
2. Möglichkeit: Gehe vom Nullpunkt um die Einheit
 nach rechts und dann senkrecht dazu
 (also parallel zur y-Achse) mit
 m = –2,5. Beachte das Vorzeichen
 von m.

**Aufgaben:**

**39.**  Gib an, ob die Gerade steigt oder fällt. Zeichne dann g mit Hilfe des
Steigungsdreiecks.

a)  $y = 2,5x$     b)  $y = -0,8x$     c)  $y = x$     d)  $y = -3,5x$

**40.**  Bestimme aus der Zeichnung die Steigung und gib die Geradengleichung an.

a) 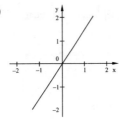           b)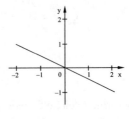

## 2.1.2 Orthogonale Ursprungsgeraden

Die Graphen der Gleichungen $y = x$ und $y = -x$ sind die Winkelhalbierenden des
I. und III. Quadranten ($w_{1,3}$) bzw. des II. und IV. Quadranten($w_{2,4}$). Diese Geraden stehen aufeinander senkrecht. Man sagt auch: **die Geraden sind orthogonal.**

Zwei Geraden $g_1$ und $g_2$ sind **orthogonal**, wenn das Produkt der beiden
Steigungsfaktoren $m_1$ und $m_2$ den Wert $-1$ hat.

$$g_1 \perp g_2 \quad \Leftrightarrow \quad m_1 \cdot m_2 = -1 \qquad (m_1, m_2 \neq 0)$$

Beispiel:

Welche der Geraden $g_1: y = \frac{2}{3}x$   $g_2: y_2 = -\frac{3}{2}x$   $g_3: y = \frac{3}{2}x$ sind orthogonal?

Es ist $m_1 = \frac{2}{3}$, $m_2 = -\frac{3}{2}$, $m_3 = \frac{3}{2}$

$m_1 \cdot m_2 = \frac{2}{3} \cdot \left(-\frac{3}{2}\right) = -1 \quad \Rightarrow \quad g_1 \perp g_2$     $g_1$ und $g_2$ sind orthogonal.

$m_1 \cdot m_3 = \frac{2}{3} \cdot \frac{3}{2} = 1 \quad \Rightarrow \quad g_1 \not\perp g_3$     $g_1$ und $g_3$ sind nicht orthogonal.

$m_2 \cdot m_3 = -\frac{3}{2} \cdot \frac{3}{2} = -\frac{9}{4} \quad \Rightarrow \quad g_2 \not\perp g_3$     $g_2$ und $g_3$ sind orthogonal.

Beispiel:

Bestimmung der Gleichung der Ursprungsgeraden $g_2$, die zu $g_1$ mit $y = -0,25x$ orthogonal ist.

$m_1 \cdot m_2 = -1, \quad m_2 = -\dfrac{1}{m_1}$ 　　　Steigungsfaktor von $g_1$ $m = -0,25$
　　　　　　　　　　　　　　　　　Auflösen der Gleichung nach $m_2$

$m_2 = -\dfrac{1}{-0,25} = 4$ 　　　Einsetzen von $m_1$ und Berechnung von $m_2$

$g_2\!: y = 4x$ 　　　Angeben der Geradengleichung

**Aufgaben:**

**41.** Überprüfe, welche Geraden orthogonal sind.

$g_1\!: y = 0,25x \quad g_2\!: y = 0,5x \quad g_3\!: y = -4x \quad g_4\!: y = -2x \quad g_5\!: y = 2x$

**42.** Gib die Gleichung der Ursprungsgeraden $g_2$ an, die zu $g_1$ orthogonal ist.

a) $g_1\!: y = -x$ 　　　　　　　　b) $g_1\!: y = -0,3x$

c) $g_1\!: y = -\dfrac{4}{7}x$ 　　　　　　d) $g_1\!: y = \dfrac{4}{5}x$

**43.** Zeichne das Geradenbüschel $g(m)$ mit $y = mx$ und $m \in \{-2; -1; -\dfrac{1}{2}; 0;$ $\dfrac{1}{2}; 1; 2\}$. Welche der gezeichneten Geraden sind orthogonal?

## 2.2   Geraden in allgemeiner Lage

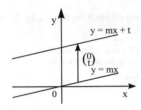

Verschiebt man die Ursprungsgerade g mit y = mx

mit dem Vektor $\vec{v} = \begin{pmatrix} 0 \\ t \end{pmatrix}$ so verändert sich der y-Wert

jeweils um t (t ∈ ℚ ).
Also gilt für die Punkte auf der Bildgeraden g' die
Gleichung y = mx + t.

---

| **Definition:** | Die Funktion f mit der Gleichung **y = mx + t** (𝔾 = ℚ × ℚ, m ∈ ℚ ) heißt **lineare Funktion**. y = mx + t heißt **Normalform** der linearen Funktion. |
|---|---|

---

Der Graph einer linearen Funktion mit **y = mx + t**
ist eine **Gerade in allgemeiner Lage**.
**m** ist der **Steigungsfaktor** (kurz Steigung),
die Gerade g schneidet die y-Achse in T(0 I t),
**t** ist der **y-Abschnitt**.

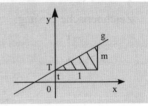

---

*Anmerkung:* Die Ursprungsgerade ist ein Sonderfall der Geraden in allgemeiner
Lage: t = 0.

Beispiel:

Zeichne die Gerade g mit m = 2 und t = –1,5 und gib die Gleichung an.

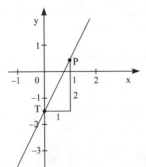

1. Zeichne T(0 I –1,5) ein.
   Beachte: t < 0

2. Zeichne von T aus das Steigungsdreieck
   mit m = 2. Man erhält P ∈ g.

3. Zeichne g = TP.

4. Gleichung: y = 2x – 1,5

Beispiel:

Zeichne die Gerade g mit $y = -x + 2$ mit Hilfe von m und t.

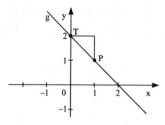

Aus der Gleichung erkennst du: $m = -1$, $t = 2$
1. Zeichne T(0 | 2).
2. Zeichne von T aus das Steigungsdreieck, man erhält $P \in g$. Beachte: $m < 0$.
3. Zeichne $g = TP$.

Beispiel:

Gegeben ist die Steigung einer Geraden $m = -0,5$ und ein Punkt P(3 | 2) der Geraden g. Bestimme zeichnerisch und rechnerisch die Geradengleichung.

Zeichnerische Lösung:

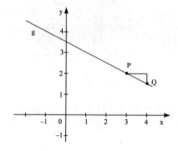

1. Zeichne P.
2. Zeichne das Steigungsdreieck von P aus ein, man erhält $Q \in g$.
3. Zeichne $g = TQ$.
4. Lies t ab: $t = 3,5$
5. Gib g an: $y = -0,5x + 3,5$

Rechnerische Lösung:

Gleichungstyp: $y = mx + t$

$\quad\quad\quad\quad\quad y = -0,5\,x + t$

$\quad\quad\quad\quad\quad 2 = -0,5 \cdot 3 + t$

$\quad\quad\quad\quad\quad 2 = -1,5 + t$

$\quad\quad\quad\quad\quad t = 3,5$

$\quad\quad\quad g: y = -0,5x + 3,5$

Für m wird die Zahl $-0,5$ gesetzt.

$P \in g$, also werden die Koordinaten des Punktes P in die Gleichung eingesetzt.
Berechnung von t

Angeben der Gleichung

Beispiel:

Gegeben ist der y-Abschnitt –2 einer Geraden g, sowie A(4 | 1) ∈ g.
Bestimme zeichnerisch und rechnerisch die Gleichung der Geraden.

Zeichnerische Lösung:

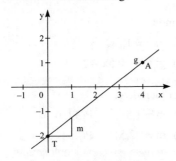

1. Zeichne A ∈ g.

2. Es ist t = –2, zeichne T(0 | –2) ein.

3. Zeichne g = AT.

4. Zeichne von einem beliebigen Punkt
   der Geraden aus (z. B. A oder T) das
   Steigungsdreieck.
   Entnimm dem Steigungsdreieck den
   Wert für m. m = 0,75

5. Gib die Gleichung an: y = 0,75x – 2

Rechnerische Lösung:

Gleichungstyp: y = mx + t

$$y = mx - 2$$

$$1 = m \cdot 4 - 2$$

$$3 = 4m$$

$$m = 0,75$$

g: y = 0,75x – 2

Es ist t = –2. Man setzt für t den Wert –2.
A ∈ g, also kann man die Koordinaten von A
in die Gleichung einsetzen.

Berechnung von m.

Angeben der Gleichung

Beispiel:

Zeichne die Gerade g mit $y = -\frac{2}{3}x + 4$ mit Hilfe zweier Punkte.

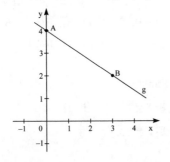

Man berechnet die Koordinaten zweier
beliebiger Punkte, die auf g liegen.
Dazu wählt man jeweils einen Wert für x und
berechnet die y-Koordinate des Punktes.

$$x = 0 \;\Rightarrow\; y = 4 \qquad A(0 | 4)$$

$$x = 3 \;\Rightarrow\; y = -\frac{2}{3} \cdot 3 + 4$$

$$y = 2 \qquad B(3 | 2)$$

**Aufgaben:**

**44.** Zeichne die Gerade g und gib die Geradengleichung an.

    a) $m = 2$          $t = 2$             b) $m = -1,5$       $t = 3$

    c) $m = -2$        $t = -1$           d) $m = 0$             $t = -4$

**45.** Zeichne die Gerade g mit Hilfe von m und t.

    a) g: $y = -0,8x + 2,5$          b) g: $y = 1,5x - 3$

    c) g: $y = 0,5x + 0,5$            d) g: $y = -0,5x - 2$

**46.** Bestimme rechnerisch die Gleichung der Gerade g.

    a) $m = -2$        $P(0 \mid 3)$          b) $m = 1,5$        $P(3 \mid 0)$

    c) $m = 3$           $P(1 \mid -3)$       d) $m = -2,5$     $P(-3 \mid -5)$

**47.** Bestimme durch Rechnung die Gleichung der Geraden g mit dem y-Abschnitt t durch A.

    a) $t = 6$           $A(4 \mid 0)$          b) $t = -2$        $A(5 \mid 2)$

    c) $t = -0,5$       $A(-3 \mid 4)$       d) $t = 0$          $A(-4 \mid -3)$

**48.** Die Gerade g hat den Steigungsfaktor m bzw. den y-Abschnitt t. Bestimme rechnerisch die Gleichung von g durch A und prüfe, ob B auf g liegt.

    a) $m = -1$   $A(2 \mid 1)$,   $B(5 \mid -2)$      b) $m = 2,5$   $A(3 \mid 5)$,   $B(-2 \mid -7)$

    c) $t = 7$    $A(5 \mid -3)$, $B(-1 \mid 9)$      d) $t = -4$     $A(2 \mid 3)$,   $B(1 \mid -1)$

**49.** Berechne die Gleichung der Geraden g = AB und bestimme die fehlende Koordinate von B.

    a) $m = -0,8$   $A(3 \mid 0)$,    $B(-2 \mid y_B)$   b) $m = 0,25$   $A(4 \mid -5)$, $B(x_B \mid -6,5)$

    c) $t = 4$          $A(6 \mid 2,5)$, $B(x_B \mid 8)$    d) $t = -\frac{5}{3}$     $A(1 \mid -1)$, $B(7 \mid y_B)$

**50.** Zeichne die Geraden g mit Hilfe zweier Punkte.

    a) g: $y = 2x - 4$            b) g: $y = -1,5x + 6$

    c) g: $y = \frac{2}{3}x - 1$          d) g: $y = -\frac{4}{5}x - 1\frac{1}{2}$

## 2.2.1 Berechnung des Steigungsfaktors mit Hilfe zweier Punkte

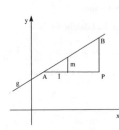

Durch Vergrößerung des Steigungsdreiecks erhält man das Dreieck APB.

Es gilt: $m = \dfrac{\overline{BP}}{\overline{AP}}$

$\overline{BP} = y_B - y_P = y_B - y_A$

$\overline{AP} = x_P - x_A = x_B - x_A$

Für den Steigungsfaktor m der Geraden durch A und B gilt:

$$m = \frac{y_B - y_A}{x_B - x_A} \qquad (x_A \neq x_B)$$

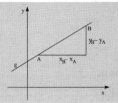

Beispiel:

Berechne die Steigung der Geraden AB mit A(3 | 2) und B(8 | 5).

$m = \dfrac{5-2}{8-3} = \dfrac{3}{5}$

Beispiel:

Berechne den Steigungsfaktor der Geraden PQ; P(−2 | −4), Q(−5 | 2).

$m = \dfrac{+2-(-4)}{-5-(-2)} = \dfrac{+2+4}{-5+2} = \dfrac{6}{-3} = -2$

Beispiel:

Bestimme zeichnerisch und rechnerisch die Gleichung der Geraden g = AB mit A(−2 | 0) und B(6 | 4).

Zeichnerische Lösung:

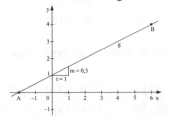

1. Zeichne die Punkte A und B ein.

2. Zeichne die Gerade g = AB.

3. Entnimm m und t aus der Zeichnung.
   m = 0,5    t = 1

4. Gib die Geradengleichung an.
   g: y = 0,5x + 1

Rechnerische Lösung:

$m = \dfrac{4 - 0}{6 - (-2)} = \dfrac{4}{8} = \dfrac{1}{2}$         Berechne m mit Hilfe der Formel.

Setze den Wert $m = \dfrac{1}{2}$ in die Gleichung

$y = mx + t$ ein.

$y = \dfrac{1}{2} x + t$         A und B liegen auf g.
Setze die Koordinaten eines dieser Punkte ein.
Hier: B

$4 = \dfrac{1}{2} \cdot 6 + t$         Berechne t.

$4 = 3 + t$

$t = 1$         Gib die Geradengleichung an.

$g: y = \dfrac{1}{2} x + 1$

**Aufgaben:**

**51.** Berechne den Steigungsfaktor der Geraden g = AB.

a) A(2 | 4)     B(5 | 1)        b) A(2 | 2)     B(6 | 6)

c) A(2 | –1)     B(5 | –7)        d) A(–5 | 2)     B(0 | 4)

e) A(–2 | –5)     B(–4 | 0)        f) A(4 | 3)     B(–3 | 4)

**52.** Berechne die Gleichung der Geraden g = PQ

a) P(0 | 0)     Q(3 | 4)        b) P(1| –1)     Q(7 | 1)

c) P(2 | –4)     Q(–4 | –1)        d) P(2 | 2)     Q(–1 | –7)

e) P(0,5 | 2)     Q(–1,5 | –5)        f) P(–3 | 2)     Q(1 | –1)

**53.** Berechne die Gleichung der Geraden AB und die Nullstelle der Funktion.

a) A(0 | –2)     B(8 | 2)        b) A(2 | 7)     B(–3 | –3)

**54.** Zeichne den Funktionsgraphen und untersuche rechnerisch, ob die Punkte A und B auf den Graphen liegen.

a) $y = 0{,}5x + 3$     $x \in [-1; 4]$     A(2 | 4)     B(6 | 6)

b) $y = 1{,}5x + 4{,}5$     $x \in [-3; 1]$     A(1 | 6)     B(–1 | 3)

**55.** Gegeben ist die Gerade g = AB. Berechne die fehlenden Koordinaten der Punkte C $\in$ g und D $\in$ g.

a) A(5 | 1)        B(–1 | 7)        C(3 | $y_C$)        D($x_D$ | 8)

b) A(3 | 2)        B(–3 | 0)        C($x_C$ | 6)        D(6 | $y_D$)

## 2.2.2 Parallele Geraden

Durch Verschiebung einer Geraden $g_1$ entsteht eine parallele Gerade $g_2$. Beide Geraden haben kongruente Steigungsdreiecke, sie haben somit die gleiche Steigung.

Für die Geraden $g_1$ mit $y = m_1 x + t_1$ und $g_2$ mit $y = m_2 x + t_2$ ($m_1, m_2 \in \mathbb{Q}$) gilt:

$$g_1 \parallel g_2 \quad \Leftrightarrow \quad m_1 = m_2$$

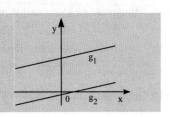

Beispiel:

Überprüfe durch Rechnung, ob die Geraden $g_1 = AB$ und $g_2 = PQ$ parallel sind. $A(4 \mid 9)$, $B(-1 \mid -1)$, $P(2 \mid 1)$, $Q(4 \mid 5)$.

$m_{AB} = \dfrac{-1-9}{-1-4} = \dfrac{-10}{-5} = 2$      Berechnung der Steigung $m_{AB}$

$m_{PQ} = \dfrac{5-1}{4-2} = \dfrac{4}{2} = 2$      Berechnung der Steigung $m_{PQ}$

$m_{AB} = m_{PQ} = 2$      Vergleich der Steigungsfaktoren
Beachte: Die Geradengleichungen müssen nicht bestimmt werden.

Die Geraden AB und PQ sind parallel.

Beispiel:

Bestimme rechnerisch die Gleichung der Geraden $g_2$, die durch $A(4 \mid 3)$ verläuft und zu $g_1$ mit $y = -0{,}5x - 2$ parallel ist.

$m_2 = m_1 = -0{,}5$      Die beiden Geraden sind parallel, also haben sie den gleichen Steigungsfaktor.
$-0{,}5$ kann für $m_2$ der Gleichung $y = m_2 x + t_2$ eingesetzt werden.

$y = -0{,}5x + t_2$      $A \in g_2$
$3 = -0{,}5 \cdot 4 + t_2$      Berechnen von $t_2$
$3 = -2 + t_2$
$t_2 = 5$      Angeben der Geradengleichung
$g_2\colon y = -0{,}5x + 5$

Beispiel:

Zeige, dass das Viereck ABCD ein Parallelogramm ist.
A(1 | –1), B(6 | 2), C(3 | 6), D(–2 | 3)

*Anmerkung:* Den Nachweis kannst du führen durch den Pfeilvergleich
$\overrightarrow{AB} = \overrightarrow{DC}$. Mit Hilfe der Steigungsfaktoren hast du eine
weitere Möglichkeit, den Nachweis eines Parallelogramms zu
führen.

$m_{AB} = \dfrac{2-(-1)}{6-1} = \dfrac{2+1}{5} = \dfrac{3}{5}$     Berechnung der Steigungsfaktoren von AB und DC.

$m_{DC} = \dfrac{3-6}{-2-3} = \dfrac{-3}{-5} = \dfrac{3}{5}$

$m_{AB} = m_{DC} = \dfrac{3}{5} \Rightarrow [AB] \| [DC]$     Die Steigungen sind gleich, also sind [AB] und [DC] parallel.

$m_{BC} = \dfrac{6-2}{3-6} = -\dfrac{4}{3}$     Berechnung der Steigungsfaktoren von BC und AD.

$m_{AD} = \dfrac{3-(-1)}{-2-1} = -\dfrac{4}{3}$

$m_{BC} = m_{AD} = -\dfrac{4}{3} \Rightarrow [BC] \| [AD]$     [BC] und [AD] sind parallel.

Die gegenüberliegenden Seiten des Vierecks sind jeweils parallel, folglich ist
das Viereck ABCD ein Parallelogramm.

**Aufgaben:**

**56.** Untersuche, ob die Geraden $g_1$ und $g_2 = AB$ parallel sind.

a) $g_1: y = -1{,}5x + 4$    A(2 | –3)      B(–4 | 6)

b) $g_1: y = 3x - 7$      A(0 | –4)      B(2 | 2)

c) $g_1: y = 0{,}5x + 1$    A(1 | 3)       B(–4 | 1)

**57.** Die Gerade $g_2$ geht durch P und ist parallel zu $g_1$. Bestimme die
Gleichung zu $g_2$.

a) $g_1: y = -4x + 6$   P(0 | 0)       b) $g_1: y = -x + 3$      P(2 | –3)

c) $g_1: y = 1{,}5x - 2$   P(4 | 5)       d) $g_1: y = 2{,}5x + 1$    P(–2 | –1)

**58.** Zeige, dass das Viereck ABCD ein Trapez ist.
A(–2 | 0)     B(6 | 4)     C(1 | 5)     D(3 | 6)

**59.** Zeige, dass das Viereck ABCD ein Parallelogramm ist.
A(–1 | 1)   B(5 | –3)   C(9 | 2)   D(3 | 6)

**60.0** Gegeben ist das Dreieck ABC mit A(1 | 0), B(7 | 4) und C(–2 | 7).

**60.1** Berechne die Koordinaten der Mittelpunkte $M_1$ von [AB] und $M_2$ von [AC].

**60.2** Weise nach, dass $[M_1, M_2]$ parallel zu [BC] verläuft.

## 2.2.3 Orthogonale Geraden

Zwei Ursprungsgeraden stehen aufeinander senkrecht, wenn für ihre Steigungsfaktoren gilt: $m_1 \cdot m_2 = -1$. Bei einer Verschiebung der orthogonalen Geraden bleibt diese Eigenschaft erhalten.

Für die Geraden $g_1$ mit $y = m_1 x + t_1$ und $g_2$ mit
$y = m_2 x + t_2$ $(m_1, m_2 \in \mathbb{Q} \setminus \{0\})$ gilt:

$$g_1 \perp g_2 \iff m_1 \cdot m_2 = -1$$

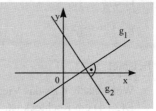

Beispiel:

Welche der Geraden sind orthogonal?

$g_1: y = \frac{2}{3}x + 1$    $g_2: y = \frac{3}{2}x - 1$    $g_3: y = -\frac{2}{3}x + 7$    $g_4: 3x + 2y = 8$

$m_1 = \frac{2}{3}$          $m_2 = \frac{3}{2}$          $m_3 = -\frac{2}{3}$          $m_4 = -\frac{3}{2}$

Angabe der einzelnen Steigungsfaktoren:
Um $m_4$ angeben zu können, muss man $g_4$ in die Normalform überführen.
$3x + 2y = 8$

$\qquad 2y = -3x + 8$

$\qquad\quad y = -\frac{3}{2}x + 4 \qquad m_4 = -\frac{3}{2}$

Es gilt:

$m_1 \cdot m_4 = \frac{2}{3} \cdot \left(-\frac{3}{2}\right) = -1$, also $g_1 \perp g_4$

$m_2 \cdot m_3 = \frac{3}{2} \cdot \left(-\frac{2}{3}\right) = -1$, also $g_2 \perp g_3$

## Beispiel:

Bestimme die Gleichung der Geraden $g_2$, die durch $P(5 \mid -1)$ verläuft und zu $g_1$ mit $y = \frac{3}{2}x + 2$ orthogonal ist.

Gegeben ist $m_1 = \frac{3}{2}$

$$m_2 = -\frac{1}{m_1}$$

Berechnung von $m_2$ mit Hilfe von $m_1 \cdot m_2 = -1$. Auflösen der Formel nach $m_2$.

$$m_2 = -\frac{1}{\frac{3}{2}} = -\frac{2}{3}$$

$$y = -\frac{2}{3}x + t_2$$

$m_2$ wird in die Normalform von $g_2$ eingesetzt $P \in g_2$, also Einsetzen der Koordinaten von P in die Gleichung und Berechnung von $t_2$.

$$-1 = -\frac{2}{3} \cdot 5 + t_2$$

$$-1 = -\frac{10}{3} + t_2$$

$$t_2 = \frac{7}{3}$$

Angeben der Geradengleichung von $g_2$.

$$g_2: y = -\frac{2}{3}x + \frac{7}{3}$$

## Beispiel:

Weise nach, dass das Viereck ABCD mit $A(0 \mid 0)$, $B(8 \mid -4)$, $C(10 \mid 0)$, $D(2 \mid 4)$ ein Rechteck ist.

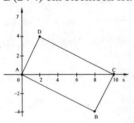

Der Nachweis erfolgt in zwei Schritten:
1. Das Viereck ist ein Parallelogramm.
2. Das Parallelogramm hat einen rechten Winkel.

Ein rechtwinkliges Parallelogramm ist ein Rechteck.

$$\overrightarrow{AB} = \begin{pmatrix} 8 \\ -4 \end{pmatrix} \quad \overrightarrow{DC} = \begin{pmatrix} 10-2 \\ 0-4 \end{pmatrix} = \begin{pmatrix} 8 \\ -4 \end{pmatrix}$$

Berechnung der Pfeile $\overrightarrow{AB}$ und $\overrightarrow{DC}$.

$$\overrightarrow{AB} = \overrightarrow{DC} \quad \Rightarrow$$

$$\overline{AB} = \overline{CD} \text{ und } [AB] \parallel [CD]$$

ABCD ist Parallelogramm.

$$m_{AB} = \frac{-4-0}{8-0} = -\frac{1}{2}$$

$$m_{BC} = \frac{0-(-4)}{10-8} = 2$$

Die Pfeile sind gleich, d. h. [AB] und [DC] sind gleich lang und parallel.

[Ein weiterer Lösungsweg ist durch den Nachweis von $m_{AB} = m_{DC}$ und $m_{BC} = m_{AD}$ gegeben.]

Berechnung der Steigungen $m_{AB}$ und $m_{BC}$

$$m_{AB} \cdot m_{BC} = -\frac{1}{2} \cdot 2 = -1$$

Nachweis der Orthogonalität von [AB] und [BC]

[AB] $\perp$ [BC], bzw. $\beta = 90°$ $\Rightarrow$ ABCD ist ein Rechteck.

Das Paralleologramm ist rechtwinklig, also ist das Viereck ein Rechteck.

## Aufgaben:

**61.** Zeige, dass die Geraden $g_1$ und $g_2$ orthogonal sind.

a) $g_1$: $y = -\frac{1}{3}x + 1$      $g_2$: $y = 3x - 5$

b) $g_1$: $3x + 2y = 7$      $g_2$: $y = \frac{1}{3}(2x + 4)$

**62.** Weise nach, dass die Geraden $g_1$ und $g_2$ = AB orthogonal sind.

a) $g_1$: $y = \frac{1}{2}x + 1$      A(0 | 5)    B(2 | 1)

b) $g_1$: $y = 0,2x - 8$      A(–1 | 7)    B(2 | –8)

**63.** Bestimme die Gleichung der Geraden $g_2$, die durch P geht und zu $g_1$ orthogonal ist.

a) $g_1$: $y = x + 3$      P(4 | 0)         b) $g_1$: $y = -2x + 3$      P(–1 | –2)

c) $g_1$: $y = 0,5x - 1$      P(0 | 0)         d) $g_1$: $y = -\frac{2}{5}x - \frac{1}{4}$      P(3 | 5)

**64.** Zeige, dass die Diagonalen des Vierecks ABCD orthogonal sind.
A(2 | –2), B(5 | 4), C(1 | 6), D(–3 | 3)

**65.** Zeige rechnerisch, dass das Viereck ABCD ein Rechteck ist.
A(7 | 2), B(5 | 5), C(–1 | 1), D(1 | –2)

**66.** Zeige durch Rechnung, dass das Viereck ABCD ein Quadrat ist.
A(1 | 1), B(7 | –1), C(9 | 5), D(3 | 7)

**67.** Die Gerade g wird um den Nullpunkt um 90° gedreht. Wie lautet die Gleichung der Bildgeraden g'?

a) g: $y = 2x + 3$         b) g: $y = -\frac{1}{3}x - 2$

**68.** Die Gerade g wird um den Nullpunkt um $\alpha = 180°$ gedreht. Berechne die Gleichung der Bildgeraden g'.

a) g: $y = -x - 2$         b) g: $y = \frac{1}{2}x + 4$

**69.** Die Gerade g wird an der Winkelhalbierenden $w_{1,3}$ gespiegelt. Bestimme die Gleichung der Bildgeraden g' durch Rechnung.

a) g: $y = -2x - 4$         b) g: $y = 4x - 1$

## 2.3   Lineare Funktionen mit einem Parameter

### 2.3.1 Parallelenschar

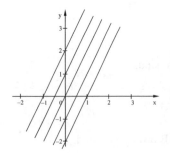

Wählt man $y = mx + t$ für m einen festen Wert, z. B. $m = 2$ und für den y-Abschnitt alle Werte mit $t \in \{-2; -1; 0; 1; 2\}$, so besteht der Graph aus 5 Geraden.
Alle 5 Geraden haben dieselbe Steigung, sie sind folglich parallel.
Der Graph ist eine **Parallelenschar**.

Für einen festen Wert $m_0 \in \mathbb{Q}$ und für beliebige Werte für $t \in \mathbb{Q}$ ist der Graph von $y = m_0 x + t$ eine **Parallelenschar g(t)**.

*Anmerkung:*   g(t) [sprich: g von t] bedeutet, dass die Geradengleichung in Abhängigkeit des Parameters t angegeben ist, dass also eine Parallelenschar vorliegt.

Beispiel:

Bestimme aus der Parallelenschar g(t) mit $y = -0{,}4x + t$ $(t \in \mathbb{Q})$ die Schargerade, die durch $P(6 \mid 2)$ geht.

| | |
|---|---|
| g(t): $y = -0{,}4x + t$ | Graph: Parallelenschar |
| | $P \in g$, also Einsetzen der Koordinaten von P |
| $2 = -0{,}4 \cdot 6 + t$ | Berechnen von t |
| $2 = -2{,}4 + t$ | |
| $t = 4{,}4$ | Angeben der Geradengleichung |
| g:   $y = -0{,}4x + 4{,}4$ | |

Beispiel:

Gegeben ist die Geradenschar g(a) mit $y = 2x + 3a + 1$, $a \in \mathbb{Q}$.

1. Begründe, weshalb g(a) eine Parallelenschar ist.

Es gilt $m = 2$ für alle $a \in \mathbb{Q}$, die Geraden sind demnach parallel.   m – der Koeffizient von x – ist unabhängig vom Parameter a.

2. Zeige, dass alle Geraden der Schar g(a) zu h mit $y = -\frac{1}{2} x$ orthogonal sind.

m = 2 für alle a:         $m_h = -\frac{1}{2}$

$m \cdot m_h = 2 \cdot \left(-\frac{1}{2}\right) = -1$    Dies gilt für alle a $\in \mathbb{Q}$, d. h. alle Geraden der Schar sind zu h orthogonal.

Es gilt: g(a) $\perp$ h

3. Für welchen Parameterwert ist die Gerade eine Ursprungsgerade?

Bedingung: t = 0          y-Abschnitt der Schar: t = 3a + 1
                          Aufstellen der Bedingung für t und
                          Berechnung des Parameterwertes für a

$3a + 1 = 0$              Angeben der Lösungsmenge

$3a = -1$

$a = -\frac{1}{3}$

$\mathbb{L} = \left\{-\frac{1}{3}\right\}$

4. Für welchen Parameterwert von a hat die Schargerade den y-Abschnitt 7?

Bedingung: t = 7          t = 3a + 1

$3a + 1 = 7$              Lösen der Gleichung mit der Variablen a

$3a = 6$

$a = 2$                   Angeben der Lösungsmenge

$\mathbb{L} = \{2\}$

5. Berechne die Nullstelle der Funktion in Abhängigkeit von a $\in \mathbb{Q}$.

Bedingung: y = 0          Nullstelle:
$2x + 3a + 1 = 0$         x-Koordinate des Schnittpunktes S des
                          Graphen mit der x-Achse.
                          Schnittpunkt mit der x-Achse: S(x | 0)

$2x = -3a - 1$

$x = -1,5a - 0,5$

S(–1,5a – 0,5 | 0)        Angabe von S

Nullstelle: –1,5a – 0,5   Angabe der Nullstelle

**Aufgaben:**

**70.**     Gegeben ist die Parallelenschar g(t) mit $y = -x + t$, t $\in \mathbb{Q}$.
           Bestimme die Gleichung der Schargeraden durch P(2 | 6).

**71.0**    Gegeben ist die Parallelenschar g(a) mit $y = -2x + 3 - 2a$, a $\in \mathbb{Q}$.

**71.1**    Für welchen Parameterwert von a ist g eine Ursprungsgerade?

**71.2**   Für welchen Parameterwert von a gilt P(2 | 5) ∈ g?

**71.3**   Berechne die Nullstelle der Funktion in Abhängigkeit von a.

**72.0**   Gegeben ist die Parallelenschar g(a) mit $y = 2x + 3(a - 5)$, $a \in \mathbb{Q}$.

**72.1**   Für welche Parameterwerte schneiden die Schargeraden die negative y-Achse?

**72.2**   Für welche Werte von a ist der y-Abschnitt der Schargeraden größer als 2?

**72.3**   Einige Schargeraden schneiden die negative x-Achse. Bestimme die zugehörigen Parameterwerte.

## 2.3.2 Geradenbüschel

Lässt man in $y = mx$ für $x \in \mathbb{Q}$ jede rationale Zahl zu, erhält man ein Geraden-büschel mit dem Nullpunkt als Büschelpunkt.

Erweiterung:

Wird das Büschel mit $\vec{v} = \begin{pmatrix} x_B \\ y_B \end{pmatrix}$ verschoben, entsteht wieder ein Geradenbüschel g(m) mit dem Büschelpunkt $B(x_B \mid y_B)$.

Für variable Werte von $m \in \mathbb{Q}$ ist
$$y = m(x - x_B) + y_B$$
die Gleichung der **Geradenbüschels g(m)**
mit dem **Büschelpunkt** $B(x_B \mid y_B)$.

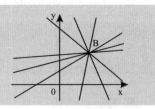

Anmerkung: Die Parallele zur y-Achse durch B gehört zum Geradenbüschel.

Beispiel:

Gib die Gleichung des Geradenbüschels mit B(−1 | −3) also Büschelpunkt an.

$y = m(x - x_B) + y_B$          B wird als Büschelpunkt eingesetzt.

$y = m(x - (-1)) + (-3)$

g(m): $y = m(x + 1) - 3$

Beispiel:

Bestimme den Büschelpunkt des Geradenbüschels g(m) mit $y = mx + 2m - 1$.

| | |
|---|---|
| $y = mx + 2m - 1$ | Teilweises Ausklammern von m |
| $g(m): y = m(x + 2) - 1$ | Übliche Form der Büschelgleichung. Die Koordinaten des Büschelpunktes können abgelesen werden. |
| | Beachte: $(x + 2) = (x - (-2))$ |
| $B(-2 \mid -1)$ | |

Beispiel:

Gegeben ist g(m) mit $y = m(x - 2) - 3$. Bestimme die Gleichung der Geraden g aus g(m) mit $m = -2$.

| | |
|---|---|
| $g(m): y = m(x - 2) - 3$ | Einsetzen von $m = -2$ in die Büschelgleichung |
| $g: y = -2(x - 2) - 3$ | Ausmultiplizieren und Zusammenfassen des Funktionsterms |
| $y = -2x + 4 - 3$ | |
| $g: y = -2x + 1$ | |

Beispiel:

Gegeben ist g(m) mit $y = m(x + 2) + 1$. Bestimme die Gerade g aus dem Büschel g(m), die durch $P(2 \mid 3)$ geht.

| | |
|---|---|
| $g(m): y = m(x + 2) + 1$ | $P \in g$ |
| $P: 3 = m(2 + 2) + 1$ | Berechnen von m |
| $3 = m \cdot 4 + 1$ | |
| $4m = 2$ | |
| $m = \dfrac{1}{2}$ | $m = \dfrac{1}{2}$ in g(m) einsetzen |
| $y = \dfrac{1}{2}(x + 2) + 1$ | Vereinfachen des Funktionsterms |
| $g: y = \dfrac{1}{2}x + 2$ | |

Beispiel:

Gegeben ist die Geradenschar g(a) mit $y = 2ax - 4 + 6a$, $a \in \mathbb{Q} \setminus \{0\}$.

1. Begründe, weshalb g(a) ein Geradenbüschel ist. Gib die Steigung in Abhängigkeit von a an und bestimme die Koordinaten des Büschelpunktes.

g(a): $y = 2ax - 4 + 6a$

$\quad\quad\; y = 2ax + 6a - 4$

$\quad\quad\; y = 2a(x + 3) - 4$

> Büschelgleichung: $y = m(x - x) + y$
> Beachte bei der Termumformung, dass der Koeffizient von x in der Klammer 1 ist.

Es entsteht eine Gleichung vom Typ der Gleichung eines Geradenbüschels.

$m = 2a \quad\quad B(-3 \,|\, -4)$

2. Zeige, dass g mit $y = 3x + 5$ Schargerade ist.

Es muss gelten: $B \in g$:

Nachweis: $-4 = 3 \cdot (-3) + 5$

$\quad\quad\quad\;\; -4 = -9 + 5$

$\quad\quad\quad\;\; -4 = -4 \;(w)$

> Wenn g Schargerade ist, muss sie durch B verlaufen.

$B \in g$, folglich ist g eine Gerade des Büschels.

3. Für welche Parameterwerte schneidet jeweils die Schargerade die positive x-Achse?

Bedingung: $y = 0$

$\quad\quad\quad 0 = 2ax - 4 + 6a$

$\quad\quad 2ax = 4 - 6a$

$\quad\quad\quad x = \dfrac{2}{a} - 3$

> Bestimmung der x-Koordinate des Schnittpunktes S von g(a) mit der x-Achse. $S(x \,|\, 0)$
> Auflösen nach x
> $| : 2a$, beachte: $a \neq 0$

$S\left(\dfrac{2}{a} - 3 \,\middle|\, 0\right)$

Bedingung: $x > 0$

$\dfrac{2}{a} - 3 > 0$

$\dfrac{2}{a} - \dfrac{3a}{a} > 0$

$\dfrac{2 - 3a}{a} > 0$

> Es entsteht eine Bruchungleichung. Gleichnamigmachen und Zusammenfassung des Linksterms.
> Denke a: $\dfrac{a}{b} > 0 \quad \Rightarrow$
> $(a > 0 \land b > 0) \lor (a < 0 \land b < 0)$

$(2 - 3a > 0 \land a > 0) \quad \lor \quad (2 - 3a < 0 \land a < 0)$

$(-3a > -2 \land a > 0) \quad \lor \quad (-3a < -2 \land a < 0)$

$\left(a < \dfrac{2}{3} \land a > 0\right) \quad \lor \quad \left(a > \dfrac{2}{3} \land a < 0\right)$

$\mathbb{L}_1 = \left]0; \dfrac{2}{3}\right[ \quad\quad\quad \mathbb{L}_2 = \varnothing$

$\mathbb{L} = \left]0; \dfrac{2}{3}\right[$

**Aufgaben:**

**73.** Bestimme die Büschelgleichung g(m) mit dem Büschelpunkt B.

a) B(2 | 0)   b) B(0 | –1)   c) B(–5 | 1)   d) B(2 | –3)

**74.** Bestimme die Koordinate des Büschelpunkts des Büschels g(m).

a) $y = m(x + 1) + 3$    b) $y = m(x - 2) - 3$

c) $y = mx + 2m - 1$    d) $y = mx - 4m$

e) $y = mx - 5m - 6$    f) $y = mx + 5$

**75.** Gegeben ist das Geradenbüschel g(m). Bestimme die Büschelgerade mit dem Steigungsfaktor m.

a) $y = mx + 5m - 1$   $m = -1$    b) $y = m(x - 1) + 3$   $m = -5$

**76.** Bestimme die Gerade g aus dem Büschel g(m), die durch P geht.

a) g(m): $y = mx - 1 - 2m$    P(–1 | 2)

b) g(m): $y = mx + 4m + 3$    P(2 | 0)

**77.0** Gegeben ist das Geradenbüschel g(m) mit $y = mx + 5 - m$ und die Gerade $h = AB$ mit A(–1 | –4) und B(3 | 0).

**77.1** Bestimme die Gleichung der Büschelgeraden $g_1$, die parallel zu h ist.

**77.2** Berechne die Gleichung von $g_2$ aus dem Büschel g(m), die orthogonal zu h ist.

**78.** Bestimme durch P(2 | 5) die Büschelgerade aus g(m) mit $y = mx - 3m + 5 + m$. Was stellst du fest? Gib eine geometrische Erklärung.

**79.0** Gegeben ist die Schar g(a) mit $y = (a + 1)x - 4(a + 1) + 5$, $a \in \mathbb{Q}$.

**79.1** Begründe, dass g(a) ein Geradenbüschel ist. Gib m, t und die Koordinaten des Büschelpunktes an.

**79.2** Für welchen Parameterwert geht die Schargerade durch den Nullpunkt?

**79.3** Für welche Parameterwerte schneidet die zugehörige Gerade die negative y-Achse?

**79.4** Für welchen Wert von a schneidet die zugehörige Gerade die x-Achse nicht?

**79.5** Für welchen Parameterwert a hat die Funktion die Nullstelle 2?

**79.6** Für welche a-Werte ist die x-Koordinate des Achsenschnittpunktes auf der x-Achse negativ?

## 2.3.3 Punkt-Steigungs-Form

Eine Gerade g ist durch ihren Steigungsfaktor und durch einen Punkt $P \in g$ festgelegt. Die Gleichung der Geraden g kann man erhalten, wenn man in die Büschelgleichung den festen Wert $m_0$ für m einsetzt und den Punkt P als Büschelpunkt ansieht.

Die Gleichung einer Geraden g mit der Steigung $m_0$ durch $P(x_p \mid y_p)$ kann in der **Punkt-Steigungs-Form** angegeben werden:

$$y = m_0(x - x_p) + y_p$$

Beispiel:

Bestimme die Geradengleichung mit $m = -3$ durch $P(2 \mid -1)$.

| | |
|---|---|
| $g(m): y = m_0(x - x_p) + y_p$ | Büschelgleichung: $m_0 = -3$ für m einsetzen |
| $y = -3(x - x_p) + y_p$ | P als Büschelpunkt einsetzen |
| $g: y = -3(x - 2) - 1$ | Vereinfachen des Funktionsterms |
| $y = -3x + 6 - 1$ | |
| $g: y = -3x + 5$ | |

Beispiel:

Bestimme die Geradengleichung der Geraden $g = AB$ mit $A(2 \mid 1)$ und $B(6 \mid -5)$ mit Hilfe der Punkt-Steigungs-Form.

1. Möglichkeit:

| | |
|---|---|
| $m = \dfrac{-5-1}{6-2} = \dfrac{-6}{4} = 1{,}5$ | Berechnung der Steigung m Der Wert für m wird in die Büschelgleichung eingesetzt. A oder B wird als Büschelpunkt betrachtet. Hier: $A(2 \mid 1)$ |
| $y = m_0(x - x_A) + y_A$ | |
| $g: y = -1{,}5(x - 2) + 1$ | Vereinfachen des Funktionsterms |
| $y = -1{,}5x + 3 + 1$ | |
| $g: y = -1{,}5x + 4$ | |

2. Möglichkeit:

$y = m_0(x - x_A) + y_A$

$y = m_0(x - 2) + 1$

$-5 = m_0(6 - 2) + 1$

$-5 = m_0 \cdot 4 + 1$

$4m_0 = -6$

$m_0 = -1,5$

$y = -1,5(x - 2) + 1$

g: $y = -1,5x + 4$

Man betrachtet A oder B als Büschelpunkt, hier A.

$B \in g$, d. h. man setzt die Koordinaten von B ein und berechnet m.

Für $m_0$ $-1,5$ in die Punkt-Steigungs-Form einsetzen.

**Aufgaben:**

**80.** Bestimme die Gleichung der Geraden mit der Steigung m durch P.

a)  m = 0,5     P(2 | –4)        b)  m = –3        P(0 | 5)

c)  m = –1      P(6 | 3)         d)  m = 2,5       P(1 | –5)

**81.** Bestimme die Gleichung der Geraden AG. Verwende die Punkt-Steigungs-Form.

a)  A(0 | 0)     B(2 | 1)         b)  A(4 | 3)       B(–2 | 3)

c)  A(–2 | 8)    B(5 | 1)         d)  A(9 | –4)      B(0 | 5)

**82.0**   Gegeben ist das Dreieck ABC mit A(–2 | 1), B(7 | 1,5), C(5 | 5).

**82.1**   Bestimme die Geradengleichungen von AC und BC. Verwende C als Büschelpunkt.

**82.2**   Zeige, dass das Dreieck rechtwinklig ist.

**82.3**   Berechne die Koordinaten des Mittelpunkts M des Umkreismittelpunkts.

**82.4**   Berechne die Gleichung der Höhe von C auf [AB].

*Hinweis:* Zahlreiche Aufgaben des Kapitels 2 kann man auch mit Hilfe der Punkt-Steigungs-Form lösen. Dir stehen somit noch weitere Übungsaufgaben zur Verfügung (z. B. Aufgaben 39, 48, 52, 59, 62, 63).

## Überblick

### Grundaufgabe:

Die Gleichung der Geraden g durch A(1 | –2) und B(3 | 2) soll bestimmt werden.

Parallelenschar                     Geradenbüschel

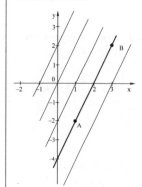

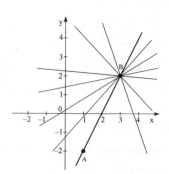

**Ausgangsgleichung:**

Normalform:

$y = mx + t$

*1. Schritt:*
Berechnung der Steigung m mit der Formel

$$m = \frac{2+2}{3-1} = \frac{4}{2} = 2$$

**Parallelenschar** g(t): $y = 2x + t$

*2. Schritt:*
Aus der Parallelenschar g(t) wird die Gerade g herausgefiltert, die durch A geht.
$A \in g: 2 = 2 \cdot 3 + t$
Berechnung von t: $t = -4$

Punkt – Steigungsform:

$y = m_0(x - x_B) + y_B$

*1. Schritt:*
B als Büschelpunkt betrachtet

**Geradenbüschel** g(m): $y = m(x-3)+1$

*2. Schritt:*
Aus dem Geradenbüschel wird die Gerade g herausgefiltert, die durch A geht.
$A \in g: -2 = m(x - 1) - 2$
Berechnung von m: $m = 2$
In g(m) wird für m die Zahl 2 gesetzt:
$y = 2(x - 1) - 2$

Angeben der Geradengleichung: $y = 2x - 4$

# 2.4  Die allgemeine Form der Geradengleichung

Die lineare Funktion lässt sich in den beiden Arten darstellen:
**Normalform:**                $y = mx + t$
**Punkt-Steigungs-Form:**      $y = m_0(x - x_B) + y_B$

Es ist noch eine weitere – gleichberechtigte – Darstellungsform üblich.

| **Definition:** | Die lineare Funktion lässt sich in der **allgemeinen Form** darstellen.<br>$ax + by + c = 0$   $a, c \in \mathbb{Q}, b \in \mathbb{Q} \setminus \{0\}$ |
|---|---|

Beispiel:

Gegeben ist die Normalform einer linearen Gleichung: $y = \frac{3}{5}x + \frac{1}{2}$.
Gib die Gleichung in der allgemeinen Form an.

$y = \frac{3}{5}x + \frac{1}{2}$        Multiplikation mit dem HN: 10

$10y = 6x + 5$        Ordnen der einzelnen Glieder in der Reihenfolge: x-Glied, y-Glied, konstantes Glied

$0 = 6x - 10y + 5$
$6x - 10y + 5 = 0$

Beispiel:

Gegeben ist die allgemeine Form der Geradengleichung mit $2x + 3y - 9 = 0$.
Gib die Normalform an.

$2x + 3y - 9 = 0$        Auflösen nach y
$3y = -2x + 9$
$y = -\frac{2}{3}x + 3$

*Hinweis:*  Ist die Geradengleichung in der allgemeinen Form gegeben, und wird zum Lösen einer Aufgabe der Steigungsfaktor bzw. der y-Abschnitt benötigt, musst du die allgemeine Form in die Nomalform überführen.

**Beispiel:**

Zeichne die Gerade g mit $4x - 3y - 12 = 0$.

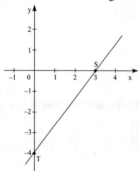

Um die Gerade zeichnen zu können, wird die Normalform nicht benötigt.

Ein einfaches und praktisches Verfahren ist die Achsenabschnittsmethode: Man berechnet die Schnittpunkte der Geraden mit den beiden Koordinatenachsen.

$4x - 3y = 12$                    Umformung der Gleichung
Berechnung von T(0 | x):
Man setzt $x = 0$ und berechnet den y-Wert.

$-3y = 12$
$y = -4$
T(0 | −4)                        Einzeichnen von T

$4x = 12$                    Berechnung von S(x | 0):
Man setzt $y = 0$ und berechnet den x-Wert.
$x = 3$
S(3 | 0)                        Einzeichnen von S

**Aufgaben:**

**83.**      Gib die Normalform der Geradengleichung an.

       a)  $3x - 2y - 8 = 0$                b)  $4x + 5y + 1 = 0$

       c)  $-x + 5y - 2 = 0$            d)  $2x - 7y - 14 = 0$

**84.**      Gib die allgemeine Form der Geradengleichung an.

       a)  $y = \frac{3}{4}x + 1$                 b)  $y = -\frac{4}{5}x + \frac{3}{4}$

**85.**      Stelle die beiden Gleichungen dieselbe Gerade dar.

       a)  $x - 3y + 4 = 0$            $y = \frac{1}{3}x + 1\frac{1}{3}$

       b)  $-4x + 5y + 15 = 0$       $y = 0{,}8x - 3$

**86.** Bestimme die Koordinaten der Achsenschnittpunkte.

a) $2x - 3y - 8 = 0$                 b) $-x + 2y + 6 = 0$

c) $1,2x + 4y + 12 = 0$           d) $3,5x - 2y - 7 = 0$

**87.** Gegeben ist die Funktion f. Bestimme die Gleichung der Umkehrfunktion in der Normalform.

a) $f: 2x - 7y + 1 = 0$             b) $f: 0,5x + 4y + 8 = 0$

**88.0** Gegeben ist die Gerade $g_1$ mit $-3,5x + 2y - 7 = 0$ sowie der Punkt P(4 I 2).

**88.1** Bestimme die Gleichung von $g_2$ mit $g_2 \parallel g_1$.

**88.2** Berechne die Geradengleichung von $g_3$ mit $g_3 \perp g_1$ durch P. Gib die Gleichung in den drei Darstellungsformen an.

## 2.5  Halbebenen

Es sollen die Graphen der Relationen $R_1$ mit $y \geq 0{,}5x + 2$ und $R_2$ mit $y < 0{,}5x + 2$ gezeichnet werden.

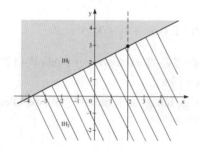

Der Graph der Funktion mit
$y = 0{,}5x + 2$ kann gezeichnet werden.
Der Graph ist die Gerade g.

Betrachtet man einen festen Wert für x,
z. B. x = 2:

Für f mit $y = 0{,}5x + 2$ gilt: $y = 3$.
Für $R_1$ mit $y \geq 0{,}5x + 2$ gilt: $y \geq 3$.
Für $R_2$ mit $y < 0{,}5x + 2$ gilt: $y < 3$.

Diese Betrachtung gilt für alle $x \in \mathbb{Q}$. Daraus folgt: Die Graphen der beiden Relationen sind die **Halbebenen $\mathbb{H}_1$ und $\mathbb{H}_2$**. Die Gerade g gehört zur Halbebene $\mathbb{H}_1$.

Der Graph der **linearen Ungleichung** mit $y \gtreqless mx + t$ ist eine **Halbebene $\mathbb{H}$**.
Der Graph von $y = mx + t$ ist die **Randgerade g**.
Die Halbebene wird durch eine Punktprobe bestimmt.

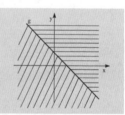

Beispiel:

Zeichne den Graphen der Relation mit $y \geq -x + 1$ in $\mathbb{G} = \mathbb{Q} \times \mathbb{Q}$.

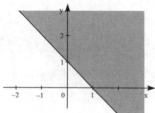

Reihenfolge:

1. Zeichne die Randgerade g mit $y = -x + 1$.
2. Führe eine Punktprobe durch, mit deren Hilfe du entscheiden kannst, welche der von g gebildeten Halbebenen die Lösung ist.

Man setzt die Koordinaten eines Punktes $P \notin g$ in die Ungleichung ein und stellt fest, ob eine wahre oder falsche Aussage entsteht.

Punktprobe:

z. B. $P(0 \mid 0)$ in $y \geq -x + 1$:

$0 \geq -0 + 1$

$0 \geq 1$ (f) $\Rightarrow$ $P \notin \mathbb{H}$

3. Schraffiere die Halbebene. Beachte die Grundmenge.

Beispiel:

Zeichne den Graphen der Relation mit $y < -1{,}5x + 4$ in $\mathbb{G} = \mathbb{N}_0 \times \mathbb{N}$.

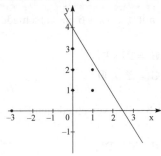

1. Zeichne die Randgerade g mit
   $y = -1{,}5x + 4$

2. Punktprobe:
   $P(0 \mid 0)$ eingesetzt:
   $0 < -1{,}5 \cdot 0 + 4$
   $0 < 4$ (w)
   $P \in \mathbb{H}$

3. Zeichne die Punktmenge
   Beachte: $x \in \mathbb{N}_0$, $y \in \mathbb{N}$

Beispiel:

Zeichne den Graphen der Relation.

$R = \{(x \mid y) \mid y \leq x + 4 \wedge y < -2x + 8 \wedge y \geq 1\}$, $\mathbb{G} = \mathbb{Z} \times \mathbb{Q}$.

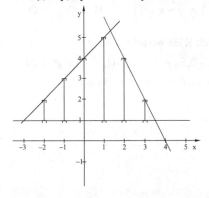

1. Zeichne die Randgeraden ($\mathbb{G} = \mathbb{Q} \times \mathbb{Q}$)
   $g_1$ mit $y = x + 4$
   $g_2$ mit $y = -2x + 8$
   $g_3$ mit $y = 1$

2. Punktproben:          $P(0 \mid 0)$ eingesetzt:
   in $\mathbb{H}_1$: $0 \leq 0 + 4$     $0 \leq 4$ (w)
   in $\mathbb{H}_2$: $0 < 0 + 8$     $0 < 8$ (w)
   in $\mathbb{H}_3$: $0 \geq 1$         (f)

   Die Punktmenge, die in $\mathbb{G} = \mathbb{Q} \times \mathbb{Q}$ die drei Ungleichungen erfüllt, ist die Schnittmenge der drei Halbebenen
   $\mathbb{H}_1 \cap \mathbb{H}_2 \cap \mathbb{H}_3$.

3. Zeichne die Lösungsmenge (Schnittmenge) unter Beachtung der Grundmenge $\mathbb{G}$ mit $x \in \mathbb{Z}$ und $y \in \mathbb{Q}$.

Der Graph besteht aus Streckenlängen innerhalb des Dreiecks, das von den Geraden $g_1$, $g_2$ und $g_3$ gebildet wird.

**Aufgaben:**

**89.** Zeichne die Halbebene ($\mathbb{G} = \mathbb{Q} \times \mathbb{Q}$).

a) $x > 0$                              b) $y > 2$

c) $y \geq x$                           d) $y < -x$

**90.** Zeichne den Graphen der Relation in $\mathbb{G} = \mathbb{Q} \times \mathbb{Q}$.

a) $y \geq 2x + 1$                      b) $y < -0,5x - 1$

c) $3x + 4y + 12 < 0$                   d) $4x + y \geq 2$

**91.** Zeichne den Graphen der Relation R mit $y \leq -x + 6$ in verschiedenen Farben in ein Koordinatensystem.

a) $\mathbb{G} = \mathbb{Q} \times \mathbb{Q}$              b) $\mathbb{G} = \mathbb{N} \times \mathbb{N}$

c) $\mathbb{G} = \mathbb{Q} \times \mathbb{N}_0$            d) $\mathbb{G} = \mathbb{Z} \times \mathbb{Q}^+$

**92.** Zeichne den Graphen zu R mit $5x - 2y + 8 \geq 0$ in verschiedenen Farben in ein Koordinatensystem.

a) $\mathbb{G} = \mathbb{Q} \times \mathbb{Q}$              b) $\mathbb{G} = \mathbb{Z} \times \mathbb{N}_0$

c) $\mathbb{G} = \mathbb{N} \times \mathbb{Q}_0^+$          d) $\mathbb{G} = \mathbb{Q}^- \times \mathbb{Z}^-$

**93.** Zeichne den Graphen zu R.

a) $R = \{(x \mid y) \mid y < x \wedge y \leq -x + 5\}$,         $\mathbb{G} = \mathbb{Q}^+ \times \mathbb{Q}^+$

b) $R = \{(x \mid y) \mid y \leq 3 \wedge y > -x - 1 \wedge y > x - 3\}$,         $\mathbb{G} = \mathbb{Q}_0^+ \times \mathbb{Q}$

**94.** Zeichne die Punktmenge, die durch R dargestellt wird.

a) $R = \{(x \mid y) \mid y \leq 2x + 4 \wedge y < -0,5x + 4 \wedge x \leq 4\}$,    $\mathbb{G} = \mathbb{Z} \times \mathbb{N}$

b) $R = \{(x \mid y) \mid y \leq -0,5x + 6 \wedge y > -0,5x - 3 \wedge x \leq -5x + 6\}$,
   $\mathbb{G} = \mathbb{N}_0 \times \mathbb{N}_0$

# 3

# Die quadratische Funktion

# 3.1   Die quadratische Grundfunktion – Normalparabel

Im Kapitel 2 wurde die lineare Funktion mit der Form y = mx + t dargestellt.
Nun sollen Funktionen untersucht werden, bei denen die Variable x quadratisch
auftritt.

*Anmerkung:*       Bis jetzt galt für die Funktion die maximale Grundmenge
                   $\mathbb{G} = \mathbb{Q} \times \mathbb{Q}$. Da du nun sicher schon die reellen Zahlen, d. h.
                   die Zahlenmenge $\mathbb{R}$ kennengelernt hast, gilt ab jetzt dement-
                   sprechend – wenn nicht anders vermerkt – die Grundmenge $\mathbb{G}$
                   $= \mathbb{R} \times \mathbb{R}$.

**Definition:**     Eine Funktion, bei der im Funktionsterm die Variable x auch
                   quadratisch auftritt, heißt **quadratische Funktion**.

                   Allgemeine Form:   $\mathbf{y = ax^2 + bx + c}$
                   $\mathbb{G} = \mathbb{R} \times \mathbb{R}, a \in \setminus \{0\}, b, c \in \mathbb{R}$

Beispiel:

Gegeben ist die Funktion $y = x^2$. Zeichne den Graphen.

*Anmerkung:*   Der Graph der quadratischen Funktion heißt **Parabel**. Eine
               Parabel dieser Form nennt man **Normalparabel**.
               Die Normalparabel in dieser Lage nennt man auch **Grund-
               parabel**. Der Punkt S heißt **Scheitelpunkt**.

               Normalparabeln können mit Hilfe einer Schablone bequem und
               schnell gezeichnet werden, auf eine Wertetabelle kann verzich-
               tet werden.

Wertetabelle:

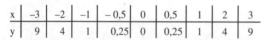

| x | –3 | –2 | –1 | – 0,5 | 0 | 0,5 | 1 | 2 | 3 |
|---|----|----|----|-------|---|-----|---|---|---|
| y | 9  | 4  | 1  | 0,25  | 0 | 0,25| 1 | 4 | 9 |

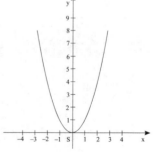

Eigenschaften von f mit $y = x^2$:

1. Definitionsmenge: $\mathbb{D} = \mathbb{R}$      Von jeder Zahl $x \in \mathbb{R}$ kann das Quadrat gebildet werden.

2. Wertemenge: $\mathbb{W} = \mathbb{R}_0^+$      Für jedes Quadrat gilt: $x^2 \geq 0$

3. Scheitelpunkt: $S(0 \mid 0)$

4. Achsensymmetrie:
   Die y-Achse ist Symmetrieachse.      Kennzeichen der Achsensymmetrie:
   $$f(-x) = f(x)$$

   Gleichung: $x = 0$      $f(-x) = (-x)^2 = x^2 = f(x)$

**Aufgabe:**

**95.0** Gegeben ist die Funktion f mit $y = x^2$ in $\mathbb{G} = [-3; 3]$

**95.1** Tabellarisiere f mit $x = 0,5$ und zeichne den Graphen.

## 3.1.1 Scheitelpunktsgleichung der Normalparabel

Die Parabel mit $y = x^2$ kann mit dem Vektor $\vec{v} = \begin{pmatrix} x_s \\ y_s \end{pmatrix}$ verschoben werden.

Der Scheitelpunkt $(0 \mid 0)$ von $y = x^2$ wird auf $S(x_s \mid y_s)$ abgebildet. S ist der Scheitelpunkt der verschobenen Parabel. Die Form der neuen Parabel bleibt unverändert, es entsteht wieder eine Normalparabel. Um den Graphen zu zeichnen, kann also wieder die Parabelschablone verwendet werden.

**Scheitelpunktsgleichung der Normalparabel:**

$$y = (x - x_s)^2 + y_s$$

$S(x_s \mid y_s)$ ist der Scheitelpunkt der Normalparabel.

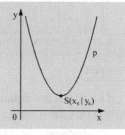

Eigenschaften:

1. $\mathbb{D} = \mathbb{R}$

2. $W = \{y \mid y \geq y_s\}$

3. Scheitelpunkt: $S(x_s \mid y_s)$

4. Symmetrieachse: $x = x_s$

Da $(x - x_s)^2$ für alle x aus $\mathbb{R}$ bestimmbar ist, gibt es für jedes $x \in \mathbb{R}$ einen y-Wert.
Bei der Verschiebung gilt:

$$O\,(0 \mid 0) \xrightarrow{\ \vec{v}\ } S(x_s \mid y_s)$$

aus $y \geq 0$ folgt demnach: $y \geq y_s$

aus $x = 0$ folgt bei der Verschiebung $x = x_s$

Um die Eigenschaften dieser Funktion angeben zu können, und um den Funktionsgraphen zeichnen zu können, benötigt man also die Koordinaten des Scheitelpunkts, die man aus der Scheitelpunktsgleichung entnehmen kann.

Beispiel:

Gegeben ist $y = (x - 3)^2 + 4$.
Gib die Eigenschaften der Funktion an und zeichne die Parabel.

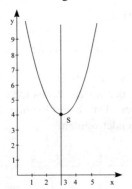

Scheitelpunkt: $S(3 \mid 4)$

Eigenschaften:

1. $\mathbb{D} = \mathbb{R}$

2. $W = \{y \mid y \geq 4\}$ wegen $y_s = 4$

3. Symmetrieachse:

   $x = 3$        wegen $x_s = 3$

Beispiel:

Gib den Scheitelpunkt der Parabel und die Eigenschaften der Funktion f mit $y = (x + 2)^2 - 1$ an.

Scheitelpunkt: $S(-2 \mid -1)$

Beachte die Form $y = (x - x_s)^2 + y_s$
also: $y = (x - (-2))^2 + (-1)$,
also: $x_s = -2,\ y_s = -1$

Eigenschaften:

1. $\mathbb{D} = \mathbb{R}$

2. $W = \{y \mid y \geq -1\}$

3. Symmetrieachse: $x = -2$

$y_s = -1$

$x_s = -2$

Beispiel:

Gib die Gleichungen der Funktionen an, wenn die Normalparabeln die
Scheitelpunkte $S_1(3 \mid -2)$, $S_2(0 \mid 5)$, $S_3(-3 \mid 0)$ haben.

$p_1:$   $y = (x - 3)^2 - 2$    $p_2:$   $y = (x - 0)^2 + 5$      $p_3:$   $y = (x - (-3))^2 + 0$

                           $y = x^2 + 5$                      $y = (x + 3)^2$

**Aufgaben:**

**96.**   Gib den Scheitelpunkt der Parabel und die Eigenschaften der Funktion an.

     a)   $y = (x + 1)^2 + 1$                 b)   $y = (x - 2)^2$

     c)   $y = x^2 + 5$                       d)   $y = (x - 4)^2 - 3$

     e)   $y = x^2 - 2$                       f)   $y = (x + 3)^2$

**97.**   Zeichne die Parabel und bestimme – wenn möglich – zeichnerisch Nullstellen der Funktion.

     a)   $y = (x + 2)^2 - 4$              b)   $y = (x + 1)^2$

     c)   $y = x^2 - 3$                       d)   $y = (x - 2)^2 - 3$

     e)   $y = (x + 4)^2 + 1$              f)   $y = (x + 4)^2 - 3$

## 3.1.2 Die quadratische Funktion mit $y = x^2 + bx + c$ (Normalform)

Vereinfacht man den Rechtsterm der Scheitelpunktsgleichung durch Berechnung des Binoms und Zusammenfassen, so erhält man die Form $y = x^2 + bx + c$.

**Definition:** Normalform der quadratischen Funktion:
$$y = x^2 + bx + c \qquad b, c \in \mathbb{R}$$

Der Graph der Normalform ist eine **Normalparabel**.

Beispiel:

Gegeben ist f mit $y = (x - 2)^2 + 5$. Bestimme die Normalform von f.

f: $y = (x - 2)^2 + 5$
$\quad y = x^2 - 4x + 4 + 5$
$\quad y = x^2 - 4x + 9$

Weit wichtiger ist die Umformung der Normalform in die Scheitelpunktsform. Dies geschieht mit der quadratischen Ergänzung.

Beispiel:

Gegeben ist f mit $y = x^2 - 5x + 4$. Bestimme die Scheitelpunktsform.

f: $y = x^2 - 5x + 4$      quadratische Ergänzung: $\left(\frac{b}{2}\right)^2 = \frac{b^2}{4}$

$y = x^2 - 5x + \left(\frac{5}{2}\right)^2 - \frac{25}{4} + 4$      $b = 5$

$\qquad\qquad\qquad\qquad\qquad x - 5x + \left(\frac{5}{2}\right)^2 = \left(x - \frac{5}{2}\right)^2$

$\qquad\qquad\qquad\qquad\qquad$ 2. binomische Formel

$y = \left(x - \frac{5}{2}\right)^2 - \frac{9}{4}$

Ist die Normalform gegeben, und soll die Parabel gezeichnet werden oder die Eigenschaften der Funktion angegeben werden, muss man den Scheitelpunkt bestimmen, d. h. man muss die Normalform in die Scheitelpunktsform überführen.

Beispiel:

Zeichne den Graphen der Funktion f mit $y = x^2 + 2x + 3$ und gib die Gleichung der Symmetrieachse der Parabel an.

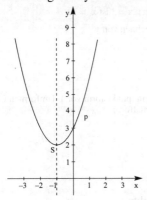

Der Graph ist (eine nach oben geöffnete) Normalparabel. Um sie zu zeichnen, bestimmt man aus der Scheitelpunktsform die Koordinaten des Scheitelpunkts S.

$$y = x^2 + 2x + 1^2 - 1 + 3$$
$$y = (x + 1)^2 + 2$$
Scheitelpunkt: S(–1 | 2).
Symmetrieachse: x = –1

Beispiel:

Die Parabel p mit $y = x^2 - 6x + 7$ soll parallel zur y-Achse so verschoben werden, dass die neue Parabel p' durch P(4 | 3) geht. Bestimme die Gleichung von p'.

Da p längs der y-Achse verschoben wird, besitzt die neue Scheitelpunkt dieselbe x-Koordinate wie der Scheitelpunkt von p.

also: $x_{s'} = x_s$

Um $x_s$ zu erhalten, muss man die Scheitelpunktsgleichung von p bestimmen.

$$y = x^2 - 6x + 7$$
$$y = x^2 - 6x + 3^2 - 9 + 7$$
$$y = (x - 3)^2 - 2$$
Scheitelpunkt von p: S(3 | –2)

$$p': y = (x - 3)^2 + y_{s'}$$
$$3 = (4 - 3)^2 + y_s$$
$$3 = 1 + y_{s'}$$
$$y_{s'} = 2$$
$$p': y = (x - 3)^2 + 2 \iff y = x^2 - 6x + 11$$

$P \in p'$, also Einsetzen von P

Berechnen von $y_{s'}$

Beispiel:

Gegeben ist die Parabelachse mit x = 3. Bestimme die Gleichung der Parabel in der Normalform mit P(5 | 7) ∈ p.

$$y = (x - x_s)^2 + y_s$$  \quad Wegen x = 3 ist $x_s = 3$

$$y = (x - 3)^2 + y_s$$  \quad Berechnen von $y_s$

$$P \in p: 7 = (5 - 3)^2 + y_s$$

$$7 = 4 + y_s$$

$$y_s = 3$$

p: $y = (x - 3)^2 + 3$  \quad Scheitelpunktsform von p Umformen in die Normalform

$$y = x^2 - 6x + 9 + 3$$

p: $y = x^2 - 6x + 12$

**Aufgaben:**

**98.**   Bestimme die Koordinaten des Scheitelpunkts.

a)  $y = x^2 + x$ \hspace{3cm} b)  $y = x^2 - 3x$

c)  $y = x^2 + 5x + 2$ \hspace{2.3cm} d)  $y = x^2 - 6x + 9$

e)  $y = x^2 - 7x$ \hspace{2.8cm} f)  $y = x^2 - 5x + 9$

**99.**   Zeichne den Funktionsgraphen und gib die Wertemenge an.

a)  $y = x^2 - 0{,}8x - 3$ \hspace{1.7cm} b)  $y = x^2 - 6x + 2$

c)  $y = x^2 - x + 0{,}5$ \hspace{2cm} d)  $y = x^2 + 4x$

**100.**   Gib die Gleichung der Symmetrieachse an.

a)  $y = x^2 + 8x + 9$ \hspace{2cm} b)  $y = x^2 + 10x$

c)  $y = x^2 - 15x - 19$ \hspace{1.6cm} d)  $y = x^2 + 0{,}5x + 7{,}5$

**101.**   Die Normalparabel p wird parallel zur y-Achse verschoben, so dass die Bildparabel p' durch P geht. Bestimme die Gleichung von p'.

a)  $y = x^2 - 4x + 8$ \quad P(0 | 1) \hspace{1cm} b)  $y = x^2 - 2x - 1$ \quad P(1 | 5)

**102.**   Die Normalparabel mit der Symmetrieachse a geht durch P. Bestimme die Gleichung der Parabel.

a)  P(2 | -1) \quad a: x = -1 \hspace{1.5cm} b)  P(-2 | 5) \quad a: x = 2

**103.**   Die Normalparabel p mit der Wertemenge W geht durch P. Bestimme die Normalform der Parabelgleichung.

a)  W = {y | y ≥ 2} \quad P(5 | 3) \hspace{1.2cm} b)  W = {y | y ≥ -1} \quad P(1 | 4)

**Normalparabel durch zwei Punkte:**
Eine Normalparabel ist durch zwei Punkte eindeutig bestimmt. Sind zwei Parabelpunkte gegeben, kann der Graph mit Hilfe der Schablone gezeichnet werden und die Parabelgleichung berechnet werden.

Beispiel:

Gegeben sind die Parabelpunkte $A(-1|1)$ und $B(4|6)$. Zeichne die Parabel und bestimme ihre Gleichung.

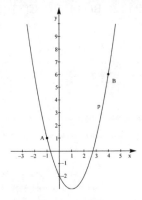

$$y = x^2 + bx + c$$
$$A \in p: \quad 1 = (-1)^2 + b \cdot (-1) + c$$
$$1 = 1 - b + c$$
$$c = b$$
$$B \in p: \quad 6 = 4^2 + b \cdot 4 + c$$
$$6 = 16 + 4b + c$$
$$4b + c = -10$$

$$\begin{array}{l} \text{I} \ c = b \\ \wedge \ \text{II} \ 4b + c = -10 \end{array}$$

I in II: $4b + b = -10$
$$5b = -10$$
$$b = -2$$
aus I:         $c = -2$
$$\mathbb{L} = \{(-2 \,|-2)\}$$
Gleichung von p: $y = x^2 - 2x - 2$

Wir erhalten ein lineares Gleichungssystem mit den Variabeln b und c. (Gleichungen I und II)
Lösungsverfahren:
Einsetzverfahren I und II
Berechnung von b

Aus I erhält man den Wert für c.

**Aufgaben:**

**104.** Bestimme die Gleichung der (nach oben geöffneten) Normalparabel, die durch die Punkte A und B verläuft, und bestimme die Koordinaten des Scheitelpunkts.

a) A(0 I 8)    B(2 I 10)              b) A(0 I 0)    B(–4 I –4)

c) A(1 I 9)    B(2 I 7,5)             d) A(–1 I 8)    B(3 I –18)

**105.** Begründe rechnerisch, ob es eine (nach oben geöffnete) Normalparabel gibt, die durch die Punkte A, B und C geht.

a) A(1 I 2)    B(–2 I 13)    C(4 I 5)        b) A(2 I 12)    B(–1 I –9)    C(3 I 22)

## 3.2 Die allgemeine quadratische Funktion

### 3.2.1 Die quadratische Funktion mit der Gleichung y = ax² (a ≠ 0)

Beispiel:

$f_1$: $y = 2x^2$                                  $f_2$: $y = -\frac{1}{2}x^2$

Man erhält die Funktionswerte dieser Funktionen, indem man die Funktionswerte von $y = x^2$ jeweils mit 2 bzw. $-\frac{1}{2}$ multipliziert.

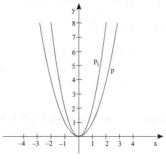
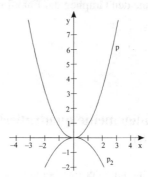

für x = 2:  $f_1(2)$:  $y = 2 \cdot 2^2 = 2 \cdot 4 = 8$       $f_2(2)$:  $y = -\frac{1}{2} \cdot 2^2 = -\frac{1}{2} \cdot 4 = -2$

für x = –1: $f_1(-1)$: $y = 2 \cdot (-1)^2 = 2 \cdot 1 = 2$   $f_2(-1)$: $y = -\frac{1}{2} \cdot (-1)^2 = -\frac{1}{2} \cdot 1 = -\frac{1}{2}$

Man erhält die Parabeln $p_1$ und $p_2$, die jedoch eine andere Öffnung und eine andere Form besitzten als die Normalparabel p.

Die Parabel $p_1$ ist nach oben geöffnet. Die Parabel $p_2$ ist nach unten geöffnet.

Die Parabel $p_1$ ist „gestreckt“.          Die Parabel $p_2$ ist „gestaucht“.

---

Der Graph der Funktion $y = ax^2$ (a ≠ 0) ist eine Parabel p, die allgemeine Parabel mit S(0 | 0) als Scheitelpunkt.
Der Faktor a legt Öffnung und Form der Parabel fest:

**a > 0:  Öffnung nach oben**          **a < 0:  Öffnung nach unten**

| | |
|---|---|
| $\|a\| > 1 \Leftrightarrow a > 1 \lor a < -1$ | p ist eine **gestreckte Parabel**. |
| $\|a\| < 1 \Leftrightarrow -1 < a < 1$ | p ist eine **gestauchte Parabel**. |
| **a = 1** | p ist eine nach **oben** geöffnete **Normalparabel**. |
| **a = –1** | p ist eine nach **unten** geöffnete **Normalparabel**. |

Beachte:  Um den Graph von $y = ax^2$ $(a \neq 0)$ zu zeichnen, muss man eine Werte-
tabelle anlegen.
Denke an die beiden Ausnahmen:
$a = 1$     Der Graph ist eine nach oben geöffnete Normalparabel.
$a = -1$   Der Graph ist eine nach unten geöffnete Normalparabel.
In diesen Fällen verzichtet man auf eine Wertetabelle und verwendet
die Schablone.

**Aufgaben:**

**106.**  Zeichne den Graphen der Funktion:

a)  $y = \frac{1}{2}x^2$                         b)  $y = -\frac{3}{4}x^2$

c)  $y = -3x^2$                            d)  $y = 0{,}6x^2$

# 3.2.2 Die allgemeine quadratische Funktion mit $y = ax^2 + bx + c$ $(a \neq 0)$

Durch Verschiebung der Parabel mit $y = ax^2$ mit $\vec{v} = \begin{pmatrix} x_s \\ y_s \end{pmatrix}$ erhält man wieder eine
Parabel mit derselben Form und Öffnung.

**Scheitelpunktsgleichung der allgemeinen Parabel:**

$$y = a(x - x_s)^2 + y_s \qquad \text{Scheitelpunkt: } S(x_s \mid y_s)$$

Eigenschaften:   1. $\mathbb{D} = \mathbb{R}$
2. $W = \{y \mid y \geq y_s\}$ für $a > 0$
   $W = \{y \mid y \leq y_s\}$ für $a < 0$
3. Symmetrieachse: $x = x_s$

Beispiel:

Zeichne die Parabel p mit dem Scheitelpunkt $S(3 \mid -2)$ und $a = 1{,}5$. Gib die
Eigenschaften an.
Scheitelpunktsgleichung: $y = 1{,}5(x - 3)^2 - 2$

Wertetabelle:

| x | 0 | 1 | 2 | 3 | 4 | 5 | 6 |
|---|---|---|---|---|---|---|---|
| y | 11,5 | 4 | −0,5 | −2 | −0,5 | 4 | 11,5 |

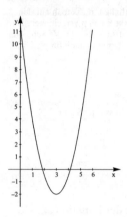

Eigenschaften:

1. $\mathbb{D} = \mathbb{R}$
2. $W = \{y \mid y \geq -2\}$
3. Symmetrieachse: $x = 3$

Beispiel:

Gegeben ist die Parabelgleichung mit $y = -\frac{1}{2}(x+3)^2 - 4$. Gib die Eigenschaften an.

Graph:  Die Parabel ist nach unten
geöffnet und gestreckt.

$a = -\frac{1}{2} < 0$

$|a| = \frac{1}{2} < 1$

$\mathbb{D} = \mathbb{R}$
$W = \{y \mid y \leq -4\}$
Symmetrieachse: $x = -3$

$S(-3 \mid -4)$, $y_s = -4$, $a < 0$

$x_s = -3$

Beispiel:

Gegeben ist p mit $y = a(x+1)^2 - 6$ und $P(-3 \mid 4) \in p$. Bestimme die Gleichung von p.

$P \in p: \quad 4 = a(-3+1)^2 - 6$         Berechnung von a

$\qquad\quad 4 = a \cdot 4 - 6$

$\quad 4a - 6 = 4$

$\qquad\; 4a = 10$

$\qquad\quad a = 2,5$

$p: y = 2,5(x+1)^2 - 6$

Beispiel:

Verschiebe die Parabel p mit $y = 3(x - 1)^2 - 2$ mit dem Vektor $\vec{v} = \begin{pmatrix} -3 \\ 4 \end{pmatrix}$ und

gib die Gleichung der Bildparabel p' an.

$S(1 \mid -2) \xmapsto{\vec{v}} S'(x \mid y)$

$\overrightarrow{SS'} = \vec{v}$

$\begin{pmatrix} x-1 \\ y+2 \end{pmatrix} = \begin{pmatrix} -3 \\ 4 \end{pmatrix}$

Um p' zu erhalten, muss man nur den Scheitelpunkt S von p verschieben. Da Form und Öffnung bei der Verschiebung erhalten bleiben, gilt auch für p': a = 3

$x - 1 = -3 \quad \wedge \quad y + 2 = 4$     Pfeilvergleich

$\quad\quad x = -2 \quad \wedge \quad\quad y = 2$     Scheitelpunkt von p': S', a = 3

$S'(-2 \mid 2)$

Parabelgleichung von p': $y = 3(x + 2)^2 + 2$

**Aufgaben:**

**107.** Zeichne den Graphen und gib die Eigenschaften der Funktion an.

a) $y = -(x - 1)^2 + 2$     b) $y = 0.5 \cdot (x - 3)^2$

c) $y = -2x^2 + 8$     d) $y = -(x - 3)^2 + 6$

**108.** Gib die Öffnung und die Form der Parabel an, sowie die Definitions-menge und die Wertemenge.

a) $y = 2x^2 + 1$     b) $y = -\frac{3}{2}(x + 4)^2 + 5$

c) $y = -0.4(x - 2)^2$     d) $y = 3(x - 1)^2 - 7$

**109.** Berechne von der Funktionsgleichung die Werte für a bzw. $y_s$, wenn $P \in p$.

a) $y = a(x - 2)^2 + 1 \quad\quad P(3 \mid 2)$

b) $y = -3(x - 1)^2 + y_s \quad\quad P(2 \mid 4)$

c) $y = a(x + 4)^2 + 2 \quad\quad P(-2 \mid -6)$

**110.** Verschiebe die Parabel p mit $\vec{v}$ und bestimme die Gleichung der Bild-parabel. Gib ID und W der Bildparabel an, sowie die Gleichung der Symmetrieachse.

a) $y = 2(x - 1)^2 + 1 \quad\quad\quad \vec{v} = \begin{pmatrix} -4 \\ 1 \end{pmatrix}$

b) $y = -2.5(x + 3.5)^2 - 4.5 \quad \vec{v} = \begin{pmatrix} 1.5 \\ 4.5 \end{pmatrix}$

**111.** Die nach unten geöffnete Normalparabel geht durch A und B. Bestimme die Funktionsgleichung. Gib die Koordinaten des Scheitelpunktes an. Zeichne den Graphen.

   a) A(–2 | 5)   B(2 | –3)       b) A(0 | 4)   B(4 | 0)

Durch Ausquadrieren und Zusammenfassung erhält man aus der Scheitelpunktsgleichung der allgemeinen Parabel die allgemeine Form der quadratischen Funktion.

**Definition:** Der Graph einer quadratischen Funktion ist eine Parabel.
Die Form $y = ax^2 + bx + c$ $(a \in \mathbb{R}\backslash\{0\}, b, c \in \mathbb{R}, \mathbb{D} = \mathbb{R})$
nennt man die **allgemeine Form der Parabelgleichung**
(allgemeine Parabelgleichung).

Beispiel:

Gegeben ist die Scheitelpunktsgleichung einer Parabel p mit
$y = -0,5(x + 1)^2 - 4$. Gib die allgemeine Parabelgleichung an.
p:  $y = -0,5(x + 1)^2 - 4$
    $y = -0,5(x^2 + 2x + 1) - 4$
    $y = -0,5x^2 - x - 0,5 - 4$
p:  $y = -0,5x^2 - x - 4,5$

Beispiel:

Gegeben ist die allgemeine Parabelgleichung mit $y = 2x^2 - 8x + 12$.
Bestimme die Scheitelpunktsform der Parabel.

*Hinweis:*   Beachte das Ziel: $y = a(x - x_s)^2 + x_s$
Beim Binom ist die Beizahl von x stets 1, also muss vor dem quadratischen Ergänzen die Beizahl von $x^2$ stets 1 sein. Deshalb muss man den Faktor a vor dem quadratischen Ergänzen zunächst ausklammern!

| | |
|---|---|
| p:  $y = 2x^2 - 8x + 12$ | a = 2, man klammert 2 aus. Es ist sinnvoll, hier eine eckige Klammer zu schreiben. |
| $y = 2[x^2 - 4x + 6]$ | Quadratisches Ergänzen im Klammerterm |
| $y = 2[x^2 - 4x + 2^2 - 4 + 6]$ | |
| $y = 2[(x - 2)^2 + 2]$ | Ausmultiplizieren der eckigen Klammer |
| p:  $y = 2(x - 2)^2 + 4$ | |

Beispiel:

Bestimme die Koordinaten des Scheitelpunktes der Parabel mit
$y = -\frac{3}{4}x^2 - \frac{3}{2}x - 2$ .

p:  $y = -\frac{3}{4}x^2 - \frac{3}{2}x - 2$    Ausklammern von $-\frac{3}{4}$

Beachte: Ausklammern von $-\frac{3}{4}$ bedeutet

Division des Term mit $-\frac{3}{4}$ bzw.

Multiplikation mit dem Kehrwert $-\frac{4}{3}$ .

$y = -\frac{3}{4} \cdot \left[ x^2 - \frac{3}{2}x \cdot \left(-\frac{4}{3}\right) - 2 \cdot \left(-\frac{4}{3}\right) \right]$

$y = -\frac{3}{4}\left[ x^2 + 2x + \frac{8}{3} \right]$

$y = -\frac{3}{4} \cdot \left[ x^2 + 2x + 1^2 - 1 + \frac{8}{3} \right]$

$y = -\frac{3}{4}\left[ (x+1)^2 + \frac{5}{3} \right]$    Ausmultiplizieren der eckigen Klammern

$y = -\frac{3}{4}(x+1)^2 - \frac{5}{4}$

Scheitelpunkt: S(–1 | –1,25)

Beispiel:

Von der Parabel p mit $y = ax^2 + bx + c$ ist a = –0,5 bekannt. Die Punkte A(1|4)
und B(–2|–0,5) sind Parabelpunkte. Bestimme die Funktionsgleichung.

Es gilt:  $y = -0,5x^2 + bx + c$

A ∈ p:  $4 = -0,5 \cdot 1^2 + b \cdot 1 + c$    Vereinfachen der Gleichung

$\qquad 4 = -0,5 + b + c$

$\qquad b + c = 4,5$

B ∈ p:  $-0,5 = -0,5 \cdot (-2)^2 + b \cdot (-2) + c$    Vereinfachen der Gleichung

$\qquad -0,5 = -2 - 2b + c$

$\qquad -2b + c = 1,5$

$\quad$ I $\quad b + c = 4,5$    Lineares Gleichungssystem mit den

∧ II $-2b + c = 1,5$    Variablen b und c. Gleichsetzverfahren!

$\quad$ I $\qquad c = 4,5 - b$

∧ II $\qquad c = 1,5 + 2b$

$$I = II \quad 4,5 - b = 1,5 + 2b$$
$$4,5 - 3b = 1,5$$
$$-3b = -3$$
$$b = 1$$

c aus I: $\quad c = 4,5 - 1$
$$c = 3,5$$

p: $y = -0,5x^2 + x + 3,5$

Berechnung von b

$\mathbb{L} = \{(1 \mid 3,5)\}$

**Aufgaben:**

**112.** Bestimme den Scheitelpunkt der Parabel.

a) $y = -x^2 + 3x - 1,25$        b) $y = -x^2 - 7x$

c) $y = 2x^2 + 4x + 6$        d) $y = -2x^2 - 16x - 25$

e) $y = \frac{1}{3}x^2 + 4$        f) $y = \frac{1}{2}x^2 - 3x + 1,5$

**113.** Zeichne die Parabel der Funktion.

a) $y = x^2 - 4x + 5$        b) $y = -x^2 - 2x + 2$

c) $y = -x^2 + 4x$        d) $y = -x^2 - 5x - 5$

**114.** Tabellarisiere die Funktion f mit $\Delta x = 1$ im angegebenen Intervall und zeichne die Parabel.

a) $f: y = -2x^2 + 4x + 4 \quad x \in [1; 3]$      b) $f: y = \frac{3}{4}x^2 + 3x + 1 \quad x \in [-5; 1]$

c) $f: y = -\frac{1}{3}x^2 + \frac{4}{3}x + \frac{11}{3} \quad x \in [1; 3]$    d) $y = 4x^2 + 12x - 5 \quad x \in [-4; 1]$

**115.** Von der Parabel p der Form $y = ax^2 + bx + c$ sind der Wert von a und zwei Parabelpunkte P und Q bekannt. Bestimme die Parabelgleichung.

a) $a = -1 \quad P(-1 \mid -3) \; Q(1 \mid 11)$      b) $a = -3 \; P(-2 \mid -8) \quad Q(2 \mid 0)$

c) $a = \frac{1}{2} \quad P(-2 \mid 6) \quad Q(0 \mid 4)$      d) $a = -0,25 \; P(2 \mid -1) \, Q(-3 \mid 0,75)$

**116.** Bestimme die allgemeine Parabelgleichung mit Hilfe der Angaben. Berechne die Koordinaten des Scheitelpunkts.

a) $b = 12 \quad A(3 \mid -7) \in p$        $B(8 \mid -2) \in p$

b) $c = 3 \quad A(-1 \mid 4,5) \in p$       $B(-4 \mid 3) \in p$

**117.** Bestimme Definitionsmenge und Wertemenge der Funktion und gib die
Gleichung der Symmetrieachse der Parabel an.

a) $y = -3x^2 + 6x - 2$                        b) $y = \frac{2}{3}x^2 + 4x + 6$

**118.0** Eine nach unten geöffnete Normalparabel hat den Scheitelpunkt S(2 I 5).

**118.1** Gib die Parabelgleichung in der allgemeinen Form an und zeichne den
Graphen.

**118.2** Prüfe rechnerisch, ob P(5 I –4) bzw. Q(–1 I –5) auf der Parabel liegen.

**118.3** Gib Definitions- und Wertemenge der Funktion an.

## 3.3 Extremwerte

Der Graph einer quadratischen Funktion ist eine Parabel. Im Scheitelpunkt besitzt die Funktion ihren größten bzw. kleinsten Funktionswert, d.h. ihren Extremwert.

Zur Bestimmung des Extremwertes einer quadratischen Funktion bestimmt man aus der Scheitelpunktsform die Koordinaten des Scheitelpunkts. $y_s$ ist der Extremwert der Funktion.

Scheitelpunktsgleichung              Scheitelpunkt
$$y = a(x - x_s)^2 + y_s \qquad\qquad S(x_s \mid y_s)$$

**Extremwert:**
$a > 0$: Die Parabel ist nach oben geöffnet: $y_s$ **ist Minimum**
$a < 0$: Die Parabel ist nach unten geöffnet: $y_s$ **ist Maximum**

Beispiel:

Die Seite einen Quadrats ABCD ist 8 cm lang. Trägt man von jedem Eckpunkt aus eine Strecke a = x cm im Gegensinn des Uhrzeigers ab, erhält man ein neues Quadrat A'B'C'D'.

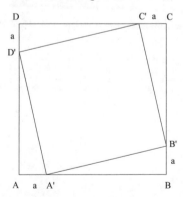

1. Stelle den Flächeninhalt des Quadrats A'B'C'D' in Abhängigkeit von x dar.

$$A = \overline{AB}^2 - 4 \cdot A_{A'BB'}$$

Es sei A = y cm². Dann gilt für die Maßzahlen:

$y(x) = 8^2 - 4 \cdot \frac{1}{2} \cdot (8 - x) \cdot x$

$y(x) = 64 - 2x(8 - x)$       Ausmultiplizieren der Klammer und ordnen

$y(x) = 2x^2 - 16x + 64$       Für die Größengleichung gilt:

$A(x) = (2x^2 - 16x + 64)\ cm^2$       Beachte: $\mathbb{D} = \,]0;\,8[$

2. Bestimme den Wert für a, so dass A'B'C'D' einen extremen Flächeninhalt besitzt.

$y(x) = 2x^2 - 16x + 64$       Anmerkung. Es liegt eine quadratische Funktion vor. $\Rightarrow$

$y(x) = 2[x^2 - 8x + 4^2 - 16 + 32]$       Der Graph ist eine Parabel. Wegen $a = 2 > 0$

$y(x) = 2[(x - 4)^2 + 16]$       ist die Parabel nach oben geöffnet. $\Rightarrow$

$y(x) = 2(x - 4)^2 + 32$       Es existiert ein minimaler y-Wert, also ein

$S(4 \mid 32) \in \mathbb{D}$, also:       minimaler Flächeninhalt: $A_{min}$.

$y_{min} = 32$ für $x = 4$

d. h. $A_{min} = 32\ cm^2$ für $a = 4\ cm$

Beispiel:

Es werden Rechtecke ABCD betrachtet mit $A(0 \mid 0)$ und $B(x \mid 0)$. C liegt auf der Geraden g mit $y = -\frac{1}{2}x + 6$, D liegt auf der y-Achse.

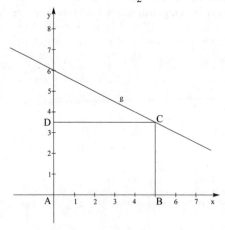

1. Stelle den Flächeninhalt des Vierecks ABCD in Abhängigkeit von der x-Koordinate von B dar.

$A_{ABCD} = \overline{AB} \cdot \overline{BC}$       $\overline{AB} = x$ LE, $\overline{BC} = y_c = $ LE, $A = y$ FE

      Wegen $C \in g$ gilt: $y_c = -\frac{1}{2}x + 6$

$y(x) = x\left(-\frac{1}{2}x + 6\right)$

$y(x) = -\frac{1}{2}x^2 + 6x$

$A(x) = \left(-\frac{1}{2}x^2 + 6x\right)$ FE        Beachte: $\mathbb{D} = \,]0;\ 12]$

2. Bestimme den extremen Flächeninhalt des Vierecks $A_0B_0C_0D_0$ und gib die Koordinaten der Eckpunkte an.

$y(x) = -\frac{1}{2}x^2 + 6x$

$y(x) = -\frac{1}{2}[x^2 - 12x + 6^2 - 36]$

A(x) ist eine quadratische Funktion, ihre Parabel ist nach unten geöffnet, also liegt im Scheitelpunkt das Maximum.

$y(x) = -\frac{1}{2}[(x - 6)^2 - 36]$

$y(x) = -\frac{1}{2}(x - 6)^2 + 18$

$S(6 \mid 18) \in \mathbb{D}$

Für $x = 6$ gilt: $y_{max} = 18$, also $A_{max} = 18$ FE

$A(0 \mid 0), B(6 \mid 0), C(6 \mid 3), D(0 \mid 3)$        $x_c = 6;\ y_c = -\frac{1}{2} \cdot 6 + 6 = 3$

---

Beispiel:

Gegeben sind die Parabel p mit $y = x^2 - 8x + 20$ und die Gerade g mit $y = x - 4$. Ein Punkt $P(x \mid y)$ bewegt sich auf der Parabel p, ein Punkt Q mit derselben x-Koordinate wie P auf der Geraden g.

1. Bestimme $d = \overline{PQ}$ in Abhängigkeit von der x-Koordinate des Punktes P.

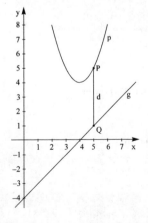

$P \in p$, also: $P(x \mid x^2 - 8x + 20)$
$Q \in p$ und $x_Q = x$ gilt: $Q(x \mid x - 4)$

Für den Abstand d gilt:
$d = (y_p - y_Q)$ LE

Ist $d = y$ LE, gilt für die Maßzahlen:

$y(x) = x^2 - 8x + 20 - (x - 4)$
$y(x) = x^2 - 9x + 24$
$d(x) = (x^2 - 9x + 24)$ LE

2. Bestimme die kleinsten Entfernung der Punkte P und Q, sowie die Koordinaten von P und Q.

$y(x) = x^2 - 9x + 24$       a = 1, also existiert ein Minimum.

$y(x) = x^2 - 9x + 4,5^2 - 20,25 + 24$

$y(x) = (x - 4,5)^2 + 3,75$       $S(4,5 \mid 3,75)$

Für $x = 4,5$ gilt: $y_{mit} = 3,75$   $d_{min} = 3,75$ LE

P(4,5 | 4,25)       $P \in p$, also $y_p = 4,5^2 - 8 \cdot 4,5 + 20 = 4,25$

Q(4,5 | 0,5)       $Q \in g$ also $y_Q = 4,5 - 4 = 0,5$

Beispiel:

Gegeben ist die Parabel p mit $y = x^2 - 4x + 9$ und die Punkte A(0 | 0), $B(x \mid y_B) \in p$ und C. C hat dieselbe y-Koordinate wie B, die x-Koordinate von C ist um 4 kleiner als die von B.

1. Zeichne die Parabel und die Dreiecke ABC für $x \in \{3,5; 1\}$

2. Stelle den Flächeninhalt der Dreieck in Abhängigkeit von der x-Koordinate von B dar.

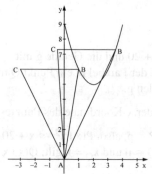

$$A_{ABC} = \frac{1}{2} \cdot \overline{BC} \cdot h_a$$

$$\overline{BC} = (x_B - x_C) \text{ LE}$$

$$h_a = y_c \text{ LE} = (x^2 - 4x + 9) \text{ LE}$$

$$A(x) = \frac{1}{2} \cdot 4 \cdot (x^2 - 4x + 9) \text{ FE}$$

$$A(x) = (2x^2 - 8x + 18) \text{ FE}$$

3. Bestimme den extremen Flächeninhalt.

$y(x) = 2x^2 - 8x + 18$       Es sei: A(x) = y FE

$y(x) = 2[x^2 - 4x + 2^2 - 4 + 9]$

$y(x) = 2[(x - 2)^2 + 5]$

$y(x) = 2(x - 2)^2 + 10$       S(2 | 10)

Für $x = 2$ gilt: $y_{min} = 10$,

d. h. $A_{min} = 10$ FE

**Aufgaben:**

**119.** Die Seite eines Quadrats ist 10 cm lang. Verlängert man zwei gegenüber-liegende Seiten jeweils um x cm und verkürzt man gleichzeitig die anderen beiden ebenfalls um x cm, so entstehen Rechtecke.
Bestimme den Flächeninhalt der Rechtecke in Abhängigkeit von x und berechne die Seitenlängen des Rechtecks mit dem größten Flächeninhalt.

**120.0** Gegeben ist ein gleichschenklig-rechtwinkliges Dreieck ABC mit der Basis [AB] und $\overline{AB}$ = c = 6 cm. Dem Dreieck sind Rechtecke PQRS ein-beschrieben, so dass [PQ] ⊂ [AB], R ∈ [BC], S ∈ [AC], es sei $\overline{AP}$ = x cm.

**120.1** Stelle den Flächeninhalt der einbeschriebenen Rechtecke PQRS in Abhän-gigkeit von x dar.

**120.2** Berechne den Wert für x, für den das Rechteck den größten Inhalt hat und gib die Längen der Rechtecksseiten an.

**121.0** Gegeben ist das rechtwinklige Dreieck ABC mit α = 90°, b = 6 cm und c = 8 cm. Verkürzt man die Seite [AB] von B aus um x cm, und verlängert man [AC] von C aus um s cm, so entstehen Dreiecke AB'C'.

**121.1** Stelle den Flächeninhalt der Dreiecke A'B'C' in Abhängigkeit von x dar.

**121.2** Für welchen Wert von x erhält das Dreieck AB'C' einen extremen Flächen-inhalt? Gib die Katheten des neuen Dreiecks an.

**122.0** Gegeben ist das Quadrat ABCD mit der Seitenlänge 8 cm. Ein Punkt P bewegt sich auf [BC] von B nach C und ein weiterer Punkt Q auf [CD] von C nach D. Es gilt: $\overline{BP}$ = $\overline{CQ}$ = x cm.

**122.1** Stelle den Flächeninhalt des Dreiecks APQ in Abhängigkeit von x dar.

**122.2** Für welchen Wert für x hat das Dreieck APQ den kleinsten Inhalt? Gib ihn an.

**123.0** Ein Quader ist 10 cm lang, 10 cm breit und 6 cm hoch. Man erhält neue Quader, indem man die Grundkante um x cm verkürzt, die Breite bei-behält und die Höhe um x cm verlängert.

**123.1** Stelle das Volumen der neuen Quader in Abhängigkeit von x dar.

**123.2** Bestimme den Extremwert von V(x).

**123.3** Bestimme den Inhalt der Oberfläche der Quader in Abhängigkeit von x.

**123.4** Überprüfe durch Rechnung, ob der Quader aus 138.2 auch einen extremen Oberflächeninhalt hat.

**124.0** Gegeben ist das Dreieck ABC mit A(0|0), B(8|0), C(3|6). Dem Dreieck werden Rechtecke PQRS einbeschrieben, so dass gilt: P(a|0) ∈ [AB], Q ∈ [AB], R ∈ [BC], S ∈ [AC].

**124.1** Gib die Koordinaten der Punkte Q, R und S in Abhängigkeit von a an.

**124.2** Stelle den Flächeninhalt der Rechtecke PQRS in Abhängigkeit von a dar.

**124.3** Bestimme den extremen Flächeninhalt der Rechtecke.

**124.4** Gib die Koordinaten der Punkte P, Q, R und S an, für die der Flächeninhalt extrem ist.

**125.0** Gegeben sind die Parabeln $p_1$ und $p_2$. Die Punkte A ∈ $p_1$ und B ∈ $p_2$ haben dieselben x-Koordinaten.

**125.1** Bestimme $\overline{AB}$ in Abhängigkeit der x-Koordinaten von A.

**125.2** Berechne die Koordinaten der Punkte A und B so, dass $\overline{AB}$ minimal ist.

a)  $p_1: y = -x^2 - 6x - 8$ $\qquad\qquad$ $p_2: y = x^2 - 10x + 27$

**126.0** Gegeben ist die Parabel p mit $\dot{y} = -\frac{2}{3}x^2 + 4x$.

Dem Flächenstück zwischen der Parabel und der positiven x-Achse werden Rechtecke ABCD einbeschrieben. A(x|0) und B liegen auf der x-Achse, C und D auf der Parabel.

**126.1** Gib den Umfang der Rechtecke in Abhängigkeit der x-Koordinate von A an.

**126.2** Berechne den größten Umfang, den die Rechtecke annehmen können.

**126.3** Gib die Koordinaten der Punkte A, B, C und D und die Seitenlängen des Rechtecks mit dem größten Umfang an.

# 3.4 Nullstellen quadratischer Funktionen

Bekanntlich versteht man unter einer Nullstelle die x-Koordinate des Schnittpunktes des Funktionsgraphen mit der x-Achse.

Um die Nullstellen von quadratischen Funktionen mit $y = ax^2 + bx + c$ bzw.
$y = a(x - x_s)^2 + y_s$ zu bestimmen, zeichnet man die Parabel der Funktion und liest
mögliche Schnittpunkte des Graphen mit der x-Achse ab. Die x-Koordinaten der
gemeinsamen Punkte sind Nullstellen.

Die Anzahl der Nullstellen einer quadratischen Funktion kann aus der Lage der
Parabel (Öffnung und Scheitelpunkt) erkannt werden.

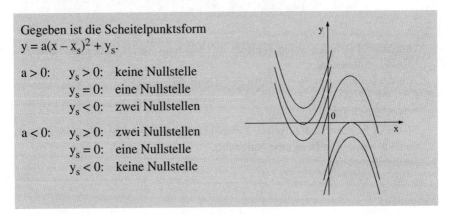

Gegeben ist die Scheitelpunktsform
$y = a(x - x_s)^2 + y_s$.

$a > 0$:  $y_s > 0$:  keine Nullstelle
          $y_s = 0$:  eine Nullstelle
          $y_s < 0$:  zwei Nullstellen

$a < 0$:  $y_s > 0$:  zwei Nullstellen
          $y_s = 0$:  eine Nullstelle
          $y_s < 0$:  keine Nullstelle

Beispiel:

Gegeben sind die Funktionen $f_1$ mit $y = -x^2 + 2x + 3$ und $f_2$ mit $y = x^2 + 4x + 4$.
Stelle die Anzahl der Nullstellen fest und bestimme sie zeichnerisch.

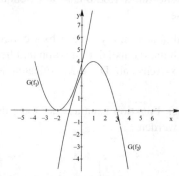

$f_1$: $y = -x^2 + 2x + 3$   Bestimmen der
                                 Scheitelpunktsform
$$y = -[x^2 - 2x - 3]$$
$$y = -[x^2 - 2x + 1^2 - 1 - 3]$$
$$y = -[(x - 1)^2 - 4]$$
$$y = -(x - 1)^2 + 4$$

Die Parabel ist nach unten geöffnet, $S(1 \mid 4)$ liegt im I. Quadranten, also gibt
es zwei Nullstellen.
Aus der Zeichnung: $A(-1 \mid 0)$, $B(3 \mid 0)$, Nullstellen: $-1$; $3$
$f_2$:   $y = x2 + 4x + 4$        1. Binomische Formel
         $y = (x + 2)2$
$S(-2 \mid 0)$ liegt auf der x-Achse, Parabel und x-Achse haben also einen Punkt
gemeinsam; also gibt es eine Nullstelle.
Nullstelle: $-2$

**Aufgaben:**

**127.**   Bestimme mit Hilfe einer Zeichnung die Nullstellen der Funktion.

a)  $y = x^2 - 4$                    b)  $y = (x - 4)^2$

c)  $y = -x^2 - 4$                   d)  $y = -(x + 1)^2 + 2$

**128.**   Zeichne den Funktionsgraphen und bestimme die Nullstellen.

a)  $y = -x^2 - 5x - 4$             b)  $y = x^2 - 14x + 49$

c)  $y = 2x^2 + 3x$                 d)  $y = \frac{1}{2}x^2 + \frac{1}{2}x - 1$

**129.**   Gegeben ist der Scheitelpunkt S einer nach oben geöffneten Normalparabel. Stelle ohne Rechnung fest, wieviel Nullstellen die Funktion hat
und berechne sie gegebenenfalls.

a)  $S(-2 \mid -3)$                  b)  $S(1 \mid 2)$

c)  $S(0 \mid -2)$                   d)  $S(4 \mid 0)$

## 3.4.1 Quadratische Gleichungen

Will man die Nullstellen einer quadratischen Funktion rechnerisch bestimmen, gilt das Gleichungssystem:

I    $y = ax^2 + bx + c$

$\wedge$  II  $y = 0$

Das Gleichsetzverfahren ergibt:

I = II    $ax^2 + bx + c = 0$

Eine derartige Gleichung, bei der die Variable x quadratisch auftritt, heißt **quadratische Gleichung.**

In diesem Kapitel sollen quadratische Gleichung rechnerisch gelöst werden.

**Reinquadratische Gleichung**

Ist bei einer quadratischen Gleichung b = 0, d. h. fehlt das lineare x-Glied, spricht man von einer **reinquadratischen Gleichung.**

Jede reinquadratische Gleichung kann auf die Form $x^2 = d$ gebracht werden.

Beispiel:

Löse die Gleichung $2x^2 - 6 = 0$ ($\mathbb{G} = \mathbb{R}$)   Auflösen nach $x^2$

$2x^2 = 6$

$x^2 = 3$                   Wurzelziehen! Beachte $\sqrt{a^2} = |a|$

$|x| = \sqrt{3}$              Betragsgleichung: $|x| = a \Leftrightarrow x = a \vee x = -a$

$x = \sqrt{3} \vee x = -\sqrt{3}$

$\mathbb{L} = \{ \sqrt{3} ; -\sqrt{3} \}$

---

Reinquadratische Gleichung: $ax^2 + c = 0$     ($\mathbb{G} = \mathbb{R}$)

$ax^2 + c = 0 \Leftrightarrow x^2 = \frac{c}{a}$ ,wir schreiben: $x^2 = d$   ($d \in \mathbb{R}$)

Fallunterscheidung:

$d > 0$:  $\mathbb{L} = \{ \sqrt{d} ; -\sqrt{d} \}$     2 Lösungen

$d = 0$:  $\mathbb{L} = \{0\}$              1 Lösung

$d < 0$:  $\mathbb{L} = \varnothing$              keine Lösung

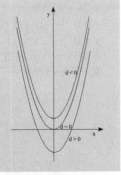

Beispiel:

$$x^2 = 25 \qquad\qquad x^2 = 0 \qquad\qquad x^2 = -4$$
$$|x| = 5 \qquad\qquad\quad x = 0$$
$$x = 5 \ \lor \ x = -5$$
$$\mathbb{L} = \{5; -5\} \qquad\quad \mathbb{L} = \{0\} \qquad\qquad \mathbb{L} = \varnothing$$

**Aufgaben:**

**130.** Löse die reinqudratische Gleichung.

a) $x^2 = 9$                      b) $x^2 - 8 = 0$

c) $2x^2 - 50 = 0$            d) $4x^2 + 1 = 0$

**131.** Löse die Gleichung.

a) $4x^2 - 20 + 4x = x(4 - x)$

b) $(x - 1)^2 - x(-x - 2) = 1$

c) $(x + 1)^2 + (x - 1)^2 + (x + 1)(x - 1) = 0$

**Für das konstante Glied gilt: c = 0**

Gleichungen der Form $ax^2 + bx = 0$ können bequem durch Ausklammern von x gelöst werden.

Beispiel:

$$2x^2 + 3x = 0 \qquad\qquad \text{Ausklammern von x}$$
$$x(2x + 3) = 0 \qquad\qquad \text{Produkt mit dem Wert Null:}$$
$$x = 0 \ \lor \ 2x + 3 = 0 \qquad a \cdot b = 0 \Leftrightarrow a = 0 \lor b = 0$$
$$x = 0 \ \lor \ 2x = -3$$
$$x = 0 \ \lor \ x = -1{,}5$$
$$\mathbb{L} = \{0; -1; 5\}$$

**Aufgaben:**

**132.** Löse die Gleichung.

a) $x^2 + 5x = 0$

b) $x^2 - 7x = 0$

c) $2x^2 - 8x = 0$

d) $-\frac{1}{3}x^2 - x = 0$

**133.** Löse die Gleichung.

a) $(2x + 1)^2 = 1$

b) $5(x + 2) = (3x^2 + 5) \cdot 2$

## 3.4.2 Der allgemeine Fall: Gemischtquadratische Gleichung
## $ax^2 + bx + c = 0$    $a, b, c \in R \setminus \{0\}$

Um eine gemischt quadratische Gleichung zeichnerisch zu lösen, bestimmt man die Nullstellen der Funktion $y = ax^2 + bx + c$.

Um die Gleichung rechnerisch zu lösen, gibt es zwei Möglichkeiten.

**1. Lösungsart: Quadratische Ergänzung**

Beispiel:

| | |
|---|---|
| $-3x^2 + 18x - 15 = 0$ | Durch Division der Gleichung mit a erhält man die **Normalform $x^2 + px + q = 0$**. Division mit $-3$ |
| $x^2 - 6x + 5 = 0$ | Addition von $-5$ |
| $x^2 - 6x = -5$ | Man addiert auf beiden Seiten die quadratische Ergänzung |
| | $\left(\dfrac{p}{2}\right)^2 = \dfrac{p^2}{4}$   $p = -6; \left(\dfrac{p}{2}\right)^2 = 3^2 = 9.$ |
| $x^2 - 6x + 3^2 = -5 + 9$ | Der Linksterm wird zum Binom zusammengefaßt. |
| $(x - 3)^2 = 4$ | Wurzelziehen: $\sqrt{a^2} = |a|$ |
| $|x - 3| = 2$ | Betragsgleichung: Fallunterscheidung! |
| $x - 3 = 2 \ \lor \ x - 3 = -2$ | |
| $x = 5 \quad \lor \quad x = 1$ | Die Gleichung hat in $\mathbb{R}$ zwei Lösungen. |
| $\mathbb{L} = \{1, 5\}$ | |

Beispiel:

| | |
|---|---|
| $2x^2 - 8x + 8 = 0$ | Herstellen der Normalform |
| $x^2 - 4x + 4 = 0$ | Quadratisches Ergänzen oder sofort 2. binomische Formel anwenden. |
| $(x - 2)^2 = 0$ | |
| $x - 2 = 0$ | |
| $x = 0$ | Die Gleichung hat in $\mathbb{R}$ eine Lösung. |
| $\mathbb{L} = \{2\}$ | |

Beispiel:

| | |
|---|---|
| $-x^2 + 4x - 5 = 0$ | Herstellen der Normalform: $\mid : (-1)$ |
| $x^2 - 4x + 5 = 0$ | Substraktion von 5 |
| $x^2 - 4x = 5$ | quadratisches Ergänzen: $p = -4$ |
| $x^2 - 4x + 2^2 = -5 + 4$ | Binomische Formel |
| $(x - 2)^2 = -1$ | Ein Quadrat ist stets nicht-negativ, d.h. diese Aussageform führt zu keiner wahren Aussage. |
| $\mathbb{L} = \varnothing$ | Die Gleichung hat in $\mathbb{R}$ keine Lösung. |

**Aufgaben:**

**134.** Löse die quadratischen Gleichungen.

a) $x^2 - 6x + 5 = 0$    b) $x^2 + 14x + 49 = 0$

c) $x^2 - 2x + - 15 = 0$    d) $x^2 + 5x - 14 = 0$

e) $x^2 - 8x + - 9 = 0$    f) $x^2 - 14x + 33 = 0$

**135.** a) $3x^2 + 2x + 1 = 0$    b) $6x^2 + x - \frac{1}{6} = 0$

c) $-12x^2 + 17x - 6 = 0$    d) $3x^2 + 6x - 15 = 0$

**136.** a) $-x^2 + 8x - 16 = 0$    b) $5x^2 + 20x = -100$

c) $3x^2 + 4x - 4 = 0$    d) $-2x^2 + 12x = 32$

**137.** a) $(8 + x)(21 - x) = 210$    b) $(x + 2)^2 + (x + 1)^2 = 6$

c) $\frac{1}{2}(x - 1)^2 + 6 = \frac{1}{4}(x + 5)^2$    d) $x^2 + 5 = \frac{1}{2}(x + 1)^2 + 6$

## 2. Lösungsart: Lösungsformel

Löst man die Gleichung $ax^2 + bx + c = 0$ in Abhängigkeit von a, b und c durch quadratisches Ergänzen, so erhält man die Lösungsformel.

| Allgemeine quadratische Gleichung: | Lösungsformel: |
|---|---|
| $ax^2 + b + c = 0$ | $x_{1,2} = \dfrac{1}{2a}\left(-b \pm \sqrt{b^2 - 4ac}\,\right)$ |
| $a \in \mathbb{R}\backslash\{0\}, b, c \in \mathbb{R}$ | $b^2 - 4ac \geq 0$ |

Beispiel:

$$x^2 + x - 12 = 0 \qquad \mathbb{G} = \mathbb{R} \qquad \text{Es ist: } a = 1, b = 1, c = -12$$

$$x_{1,2} = \frac{1}{2 \cdot 1}(-1 \pm \sqrt{1^2 - 4 \cdot 1 \cdot (-12)}\,)$$

$$x_{1,2} = \frac{1}{2}(-1 \pm \sqrt{1 + 48}\,)$$

$$x_{1,2} = \frac{1}{2}(-1 \pm 7)$$

$$x = \frac{1}{2}(-1 + 7) \quad \vee \quad x = \frac{1}{2}(-1 - 7)$$

$$x = 3 \qquad \vee \quad x = -4$$

$$\mathbb{L} = \{-4; 3\}$$

Beispiel:

$$-x^2 + 10x - 25 = 0 \qquad \mathbb{G} = \mathbb{N} \qquad a = -1 \quad b = 10 \quad c = -25$$

$$x_{1,2} = \frac{1}{2 \cdot (-1)}(-10 \pm \sqrt{10^2 - 4 \cdot (-1) \cdot (-25)}\,))$$

$$x_{1,2} = -\frac{1}{2}(-10 \pm \sqrt{100 - 100}\,)$$

$$x_{1,2} = -\frac{1}{2}(-10 \pm \sqrt{0}\,)$$

$$x = 5$$

$$\mathbb{L} = \{5\}$$

Beispiel:

$2x^2 - 8x + 18 = 0$        $a = 2$    $b = -8$    $c = 18$

$x_{1,2} = \frac{1}{2 \cdot 2}(-(-8) \pm \sqrt{(-8)^2 - 4 \cdot 2 \cdot 18})$

$x_{1,2} = \frac{1}{4}(8 \pm \sqrt{64 - 144})$

$x_{1,2} = \frac{1}{4}(8 \pm \sqrt{-80})$        Der Radikand ist negativ! $\sqrt{-80}$ ist nicht

$\mathbb{L} = \varnothing$        definiert.

*Wir stellen fest:*
Eine quadratische Gleichung kann in $\mathbb{R}$ zwei, eine bzw. keine Lösung besitzen.
Erinnere dich an die Anzahl der Nullstellen einer quadratischen Funktion.
Verantwortlich dafür ist der Wert des Radikanden bei der Formel.

| **Definition:** | Der Radikand in der Lösungsformel |
|---|---|

$x_{1,2} = \frac{1}{2a}(-b \pm \sqrt{b^2 - 4ac})$ heißt **Diskriminante D**.

Dikriminante:        $D = b^2 - 4ac$

Es gilt folgende Unterscheidung:

**D > 0:**    2 Lösungen    $\mathbb{L} = \left\{ \frac{1}{2a}(-b + \sqrt{D}); \frac{1}{2a}(-b - \sqrt{D}) \right\}$

**D = 0:**    1 Lösung    $\mathbb{L} = \left\{ -\frac{b}{2a} \right\}$

**D < 0:**    keine Lösung    $\mathbb{L} = \varnothing$

Beispiel:

Löse die Gleichung $x^2 - 6x + 7 = 0$.        Die Lösung kann man erhalten, wenn man
                                                zuerst den Wert der Diskrimanten bestimmt.

$D = b^2 - 4ac$

$D = (-6)^2 - 4 \cdot 1 \cdot 7 = 36 - 28 = 8$        $a = 1$    $b = -6$    $c = 7$

                                                $D > 0$, also existieren zwei Lösungselemente.

$x_{1,2} = \frac{1}{2}(-(-6) \pm \sqrt{8})$        Beachte: $\sqrt{8} = \sqrt{4 \cdot 2} = 2\sqrt{2}$

$x_{1,2} = \frac{1}{2}(6 \pm 2\sqrt{2})$

$x_{1,2} = 3 \pm \sqrt{2}$        Mit dem eTR kannst du auch die Näherungs-

$\mathbb{L} = \{3 + \sqrt{2}; 3 - \sqrt{2}\}$        werte der Lösungen angeben.

Beispiel:

Löse die Gleichung $-x^2 + 8x - 19 = 0$

$D = 8^2 - 4 \cdot (-1) \cdot (-19) = 64 - 76 = -8$     $a = -1$     $b = 8$     $c = -19$

$\mathbb{L} = \varnothing$

D < 0, also existiert kein Lösungselement.
Die Gleichung muss nicht mehr gelöst werden.

Beispiel:

Zeige, dass die Gleichung $16x^2 + 24x + 9 = 0$ in $\mathbb{R}$ genau eine Lösung hat und gib sie an.

Berechnung der Diskriminanten:     $a = 16$     $b = 24$     $c = 9$

$D = 24^2 - 4 \cdot 16 \cdot 9 = 576 - 576 = 0$

Die Gleichung hat genau eine Lösung.

Wegen $D = 0$ gilt $x_{1,2} = \frac{1}{2a}(-b \pm 0)$

$x = \frac{1}{2 \cdot 16} \cdot (-24)$

$x = -\frac{3}{2 \cdot 2}$

$x = -\frac{3}{4}$

$\mathbb{L} = \left\{-\frac{3}{4}\right\}$

**Aufgaben:**

**138.**  Löse die Gleichung.

a) $x^2 - 11x + 10 = 0$

b) $x^2 - 4{,}5x + 7 = 0$

c) $x^2 + 10x + 3 = 0$

d) $x^2 + 8x + 7 = 0$

**139.**  Bestimme die Lösungsmenge.

a) $5x^2 - 2x + 0{,}2 = 0$

b) $3x^2 + 9x - 30 = 0$

c) $-2x^2 + 26x - 72 = 0$

d) $4x^2 + 9x - 23 = 0$

**140.**  Löse dieGleichung

a) $\frac{1}{3}x^2 - 2x - 9 = 0$

b) $4x^2 - 16x + 15 = 0$

c) $\frac{1}{2}x^2 - \frac{8}{5}x + 3 = 0$

d) $-x^2 + 4x + 25 = 0$

**141.** Zeige, dass die Gleichung in $\mathbb{R}$ zwei Lösungselemente hat.

a) $7x^2 - 3x = 8x^2 + 9x - 64$          b) $(3 - x)^2 + 15 = (3 - 2x)^2$

**142** Zeige, dass die Lösungsmenge die leere Menge ist.

a) $(x + 1)(x - 2) + (x + 2)(x - 3) = -9$

b) $(3x + 8)(3x - 8) = (2x + 3)^2 - 81$

**143.** Zeige, dass die Gleichung genau eine Lösung hat und bestimme sie.

a) $8(x + 4)(3x + 5) = 2(2x + 4)^2 - 41$

b) $\dfrac{x - 4}{x} + \dfrac{1}{x - 1} = 0$

**144.0** Gegeben ist $x^2 - 3x + c = 0$ ($c \in \mathbb{R}$).

**144.1** Bestimme c so, dass die Gleichung genau eine Lösung hat.

**144.2** Bestimme c so, dass die Gleichung keine Lösung hat.

**145.0** Gegeben ist die Gleichung $2x^2 + bx + 10 = 0$ ($b \in \mathbb{R}$).

**145.1** Bestimme b so, dass genau eine Lösung existiert.

**145.2** Bestimme b so, dass die Gleichung zwei Lösungselemente besitzt.

**146.0** Gegeben ist die Gleichung $x^2 + bx + b = 0$ ($b \in \mathbb{R}$).

**146.1** Bestimme b so, dass die Gleichung genau eine Lösung besitzt.

**146.2** Bestimme b so, dass die Gleichung Lösungen besitzt.

# 3.5 Parabelscharen

Sind in der Gleichung $y = ax^2 + bc + c$ die Koeffizienten a und b bzw. die Konstante c mit jeweils einer bestimmten reellen Zahl belegt, ist der Graph eine Parabel. Tritt für a, b oder c ein Parameter auf z. B. $a = 1$, $b = 2$, $c \in \{1; 2; 3; 4; 5\}$ oder $a = -1$, $b = c \in \mathbb{R}$, so erhält man als Graph eine Parabelschar.

Der Graph einer quadratischen Funktionsgleichung mit einem Parameter ist eine **Parabelschar**.

Beispiel:

Gegeben ist die Parabelschar p(a) mit $y = -x^2 + 2ax + 4 - a(a + 1)$, $a \in \mathbb{R}$, $\mathbb{G} = \mathbb{R} \times \mathbb{R}$.

1. Bestimme die Scheitelpunktsgleichung der Parabeln in Abhängigkeit von a.

   p(a): $y = -x^2 + 2ax + 4 - a(a + 1)$
   $\qquad y = -[x^2 - 2ax + a^2 - a^2 - 4 + a(a + 1)]$
   $\qquad y = -[(x - a)^2 - a^2 - 4 + a^2 + a]$
   $\qquad y = -[(x - a)^2 - 4 + a)]$
   $\qquad y = -(x - a)^2 + 4 - a$  $\qquad$ Scheitelpunktsgleichung von p(a)

2. Zeige, dass alle Scheitelpunkte S der Schar auf der Geraden g mit $y = -x + 4$ liegen.

   $S(a \mid 4 - a)$  $\qquad$ Scheitelpunkte von p(a)
   $S \in g: 4 - a = -a + 4$  $\qquad$ Für alle $a \in \mathbb{R}$ erhält man eine wahre Aussage, d. h.: alle
   (w) für alle $a \in \mathbb{R}$  $\qquad$ Scheitelpunkte liegen auf g.

Alle Punkte S liegen auf der Geraden g. Man nennt die Gerade **Trägergraph** aller Scheitelpunkte S der Parabelschar.

Beispiel:

Gegeben ist die Parabelschar p(a) mit $y = x^2 - 4ax + 4a^2 + a - 2$,   $a \in \mathbb{R}$,
$\mathbb{G} = \mathbb{R} \times \mathbb{R}$.

1. Bestimme die Koordinaten des Scheitelpunktes in Abhängigkeit von a.

$y = (x - 2a)^2 + a - 2$
$S(2a \mid a - 2)$

Binomische Formel:
$x^2 - 4ax + 4a^2 = (x - 2a)^2$

2. Zeichne die Parabeln für $a \in \{-2; 0; 2; 4\}$ in ein Koordinatensystem.

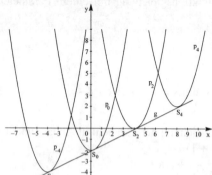

$a = -2$:   $S_{-2}(-4 \mid -4)$
$a = 0$:    $S_0(0 \mid -2)$
$a = 2$:    $S_2(4 \mid 0)$
$a = 4$:    $S_4(8 \mid 2)$

3. Bestimme für die Gleichung des Trägergraphen alle Scheitelpunkte von p(a).

Für den Scheitelpunkt S gilt:
$x = 2a \;\land\; y = a - 2$

$S(2a \mid -2)$, $a \in \mathbb{R}$

Für jeden Parameterwert a ist ein Scheitelpunkt festgelegt. Man nennt diese Darstellung Parameterdarstellung der Scheitelpunkte S, d. h. Parameterdarstellung des Trägergraphen von S.

2 Abhängigkeiten:
x in Abhängigkeit von a und zugleich y in Abhängigkeit von a.
$x = 2a \;\land\; y = a - 2$

Um eine Abhängigkeit zwischen x und y zu erhalten, **eliminiert** man den Parameter.

$\text{I} \qquad a = \frac{1}{2} x$

$\land \,\text{II} \qquad y = a - 2$

$\text{I in II:} \quad y = \frac{1}{2} x - 2$

1. Schritt: Man löst die Gleichung I nach a auf.

2. Schritt: Man setzt für a den Term $\frac{1}{2} x$ in II ein

**(Einsetzverfahren)**.

Man erhält die Gleichung zwischen x und y, und somit die Gleichung des Trägergraphen.

Trägergraph: Alle Scheitelpunkte S von p(a) liegen auf der Geraden g mit

$$y = \frac{1}{2}x - 2.$$

### Beispiel:

Gegeben ist die Parabelschar p(b) mit $y = x^2 - 2(b - 1)x + 1 - 2b$, $b \in \mathbb{R}$, $\mathbb{G} = \mathbb{R} \times \mathbb{R}$.

1. Bestimme die Koordinaten der Scheitelpunkte der Schar in Abhängigkeit von b.

   $y = x^2 - 2(b + 1)x + 1 - 2b$

   $y = x^2 - 2(b + 1)x + (b + 1)^2 - (b^2 + 2b + 1) + 1 - 2b$

   $y = [x - (b + 1)]^2 - b^2 - 2b - 1 + 1 - 2b$

   $y = [x - (b + 1)]^2 - b^2 - 4b$

   $S(b + 1 \mid -b^2 - 4b)$            Scheitelpunkt von p(b)

2. Zeichne die Parabeln von p(b) mit $b \in \{-5; -4; -3; -2; -1; 0; 1\}$ in ein Koordinatensystem.

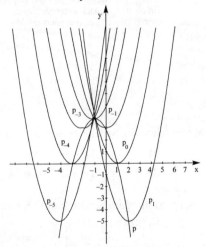

   | | |
   |---|---|
   | $b = -5$: | $S(-4 \mid -5)$ |
   | $b = -4$: | $S(-3 \mid 0)$ |
   | $b = -3$: | $S(-2 \mid 3)$ |
   | $b = -2$: | $S(-1 \mid 4)$ |
   | $b = -1$: | $S(0 \mid 3)$ |
   | $b = 0$: | $S(1 \mid 0)$ |
   | $b = 1$: | $S(2 \mid -5)$ |

3. Bestimme die Gleichung des Trägergraphen aller Scheitelpunkte S und zeichne ihn ein.

   I      $x = b + 1$            Parameterdarstellung der Gleichung des
   
   $\wedge$ II    $y = -b^2 - 4b$      Trägergraphen

I        $b = x - 1$                                   Eliminieren des Parameters b: Auflösen der
in II:   $y = -(x - 1)^2 - 4(x - 1)$          Gleichung I nach b und Einsetzen des
         $y = -(x^2 - 2x + 1) - 4x + 4$      erhaltenen Terms in Gleichung II
         $y = -x^2 + 2x - 1 - 4x + 4$
         $y = -x^2 - 2x + 3$

Trägergraph: Der Tragergraph aller Scheitelpunkte S ist eine unten
         geöffnete Normalparabel mit der Gleichung $y = -x^2 - 2x + 3$.

4. Bestimme den Parameterwert, für den die y-Koordinate der Scheitelpunkte
   maximal ist.

   **1. Möglichkeit:** Bestimmung des Scheitelpunktes S' des Trägergraphen.

   $y = -x^2 - 2x + 3$
   $y = -[x^2 + 2x + 1^2 - 1 - 3]$
   $y = -[(x + 1)^2 - 4]$
   $y = -(x + 1)^2 + 4$
   $S'(-1 \mid 4)$
   für $x = -1$: $y_{max} = 4$, $b = -2$            Beachte: $b = x - 1$, also $b = -1 - 2 = -2$

   **2. Möglichkeit:**

   Es gilt: $y = -b^2 - 4b$                    Es liegt eine quadratische Funktion vor, der
                                                        Graph ist eine nach unten geöffnete
                                                        Normalparabel, also exisiert ein Maximum.

   $y = -[b^2 + 4b + 2^2 - 4]$
   $y = -(b + 2)^2 + 4$
   $y_{max} = 4$ für $b = -2$

## Aufgaben:

**147.** Bestimme die Gleichung der Trägergraphen der Scheitelpunkte der Parabel.

   a) $y = x^2 + a$;        $a \in \mathbb{R}$          b) $y = (x - 4)^2 - b$;    $b \in \mathbb{R}$

   c) $y = (x - c)^2 + 3$;   $c \in \mathbb{R}$          d) $y = (x - d)^2 + d$;    $d \in \mathbb{R}$

**148.** Gib die Gleichung der Parabelschar p(a) mit dem Scheitelpunkt S an.

   a) $S(2 \mid 0)$                                  b) $S(3 \mid -4)$

**149.0** Gegeben ist die Parabelschar p(x) mit $y = x^2 - 2ax + a^2 + 2a$
         ($a \in \mathbb{R}$, $\mathbb{G} = \mathbb{R} \times \mathbb{R}$).

**149.1** Bestimme die Scheitelkoordinaten in Abhängigkeit von a.

**149.2** Bestimme die Gleichung des Trägergraphen der Scheitelpunkte der Schar-
         parabeln.

**150.0** Gegeben ist die Parabelschar p(b) mit $y = -x^2 + bx + b$
($b \in \mathbb{R}$, $\mathbb{G} = \mathbb{R} \times \mathbb{R}$).

**150.1** Bestimme die Gleichung der Parabel der Schar, die durch P(3 | –1) geht.

**150.2** Bestimme die Koordinaten der Scheitelpunkte von p(b) in Abhängigkeit von b.

**150.3** Zeichne die Parabeln aus p(b) für $b \in \{-4; -2; 0; 2\}$.

**150.4** Bestimme rechnerisch die Gleichung des Trägergraphen aller Scheitelpunkte von p(b).

**150.5** Weise rechnerisch nach, dass alle Parabeln aus p(b) durch B(–1 | 1) gehen.

**151.** Gegeben ist die Parabelschar p(a) mit $y = -x^2 - 14x - 49 + a$
($a \in \mathbb{R}$, $\mathbb{G} = \mathbb{R} \times \mathbb{R}$).
Bestimme die Koordinaten aller Scheitelpunkte S von p(a) und bestimme die Gleichung des Trägergraphen von S.

**152.0** Gegeben ist die Parabelschar p(a) mit $y = x^2 + ax + a^2$
($a \in \mathbb{R}$, $\mathbb{G} = \mathbb{R} \times \mathbb{R}$).

**152.1** Bestimme die Koordinaten der Scheitelpunkte S von p(a) in Abhängigkeit von a.

**152.2** Berechne die Gleichung des Trägergraphen aller Scheitelpunkte von p(a).

**153.0** Gegeben ist die Parabelschar p(a) mit $y = -x^2 - 2bx + 4b + 1$
($b \in \mathbb{R}$, $\mathbb{G} = \mathbb{R} \times \mathbb{R}$).

**153.1** Bestimme die Koordinaten des Scheitelpunktes S von p(b) in Abhängigkeit von b.

**153.2** Zeichne die Parabeln von p(b) für $b \in \{-5; -4; -; 0; 1\}$ in ein Koordinatensystem.

**153.3** Zeige rechnerisch, dass alle Scheitelpunkte auf der Parabel p mit $y = x^2 - 4x + 1$ liegen.

**154.0** Gegeben ist die Parabelschar p(a) mit $y = ax^2 + (8a - 2)x + 16a - 7$
($a \in \mathbb{R}$, $\mathbb{G} = \mathbb{R} \times \mathbb{R}$).

**154.1** Zeige, dass P(–4 | 1) auf allen Parabeln der Schar liegt.

**154.2** Bestimme die Koordinaten aller Scheitelpunkte von p(a) in Abhängigkeit von a.

**154.3** Bestimme die Gleichung des Trägergraphen der Scheitelpunkte von p(a).

## 3.6 Die Umkehrfunktion einer quadratischen Funktion

Eine Funktion f heißt umkehrbar, wenn die Umkehrrelation von f auch Funktion ist. Den Graphen der Umkehrrelation erhält man durch Achsenspiegelung des Graphen von f an der Winkelhalbierenden des I. und III. Quadranten mit $y = x$.

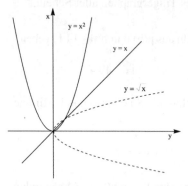

Gegeben: f mit $y = x_2$

Der Graph von f ist eine nach oben geöffneten Normalparabel $p_1$. Durch Achsenspiegelung von $p_1$ an $w_{1.3}$ erhält man eine nach rechts geöffnete Normalparabel $p_2$. Die Umkehrrelation von f ist jedoch keine Funktion.

Die quadratische Funktion mit $y = x^2$ ist in $G = \mathbb{R} \times \mathbb{R}$ nicht umkehrbar.

Gleichung von f:   $y = x^2$   $G = \mathbb{R} \times \mathbb{R}$   Vertauschen von x und y
Gleichung von $R^{-1}$: $x = y^2$ $\Leftrightarrow y^2 = x$

$$\Leftrightarrow |y| = x \Leftrightarrow y = \sqrt{x} \ \lor \ y = -\sqrt{x}$$

Durch Einschränkung der Definitionsmenge $\mathbb{D}$ kann erreicht werden, dass f umkehrbar ist: z. B. $\mathbb{D} = \mathbb{R}_0^+$.

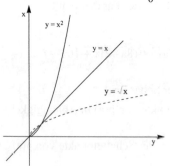

Es sei: $G = \mathbb{R}_0^+ \times \mathbb{R}_0^+$

f:   $y = x^2$

$f^{-1}$: $x = y^2$   $\Leftrightarrow$   $y = \sqrt{x}$

Die Funktion mit $y = x^2$ ist in $\mathbb{G} = \mathbb{R}_0^+ \times \mathbb{R}_0^+$ umkehrbar.

Die Umkehrfunktion hat die Gleichung $y = \sqrt{x}$

Diese Funktion nennt man **Quadratwurzelfunktion.**

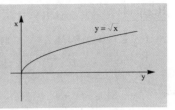

Eigenschaften der Quadratwurzelfunktion $y = \sqrt{x}$ .

1. $\mathbb{D} = \mathbb{R}_0^+$

2. $W = \mathbb{R}_0^+$

3. Der Graph ist ein Parabelast.

Eine andere Möglichkeit der Einschränkung der Definitionsmenge $\mathbb{R}$, um eine umkehrbare Funktion zu erhalten, wäre z. B.: $\mathbb{D} = \mathbb{R}_0^-$

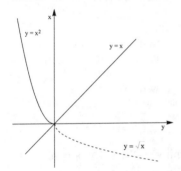

$f: \quad y = x^2 \qquad \mathbb{G}(f) = \mathbb{R}_0^- \times \mathbb{R}_0^+$

$f^{-1}: \; x = y^2 \qquad \mathbb{G}(f^{-1}) = \mathbb{R}_0^+ \times \mathbb{R}_0^-$

$\Leftrightarrow \quad y = -\sqrt{x}$

Erweiterung: Der Graph ist eine allgemeine Parabel.

Jede nach oben oder unten geöffnete Parabel ergibt bei der Spiegelung an $w_{1,3}$ eine Parabel mit der Öffnung nach rechts oder nach links.

Die Funktion der Form $y = a(x - x_s)^2 + y_s$ ist also in $\mathbb{G} = \mathbb{R} \times \mathbb{R}$ nicht umkehrbar, sie ist allerdings umkehrbar bei einer Einschränkung der Definitionsmenge.

Ist f eine quadratische Funktion, so ist der Graph der Umkehrrelation dieser Funktion eine Parabel, die nach **rechts oder links** geöffnet ist.

In $\mathbb{D}(f) = \{x \mid x \geq x_s\}$ bzw. $\mathbb{D}(f) = \{x \mid x \leq x_s\}$ ist die quadratische Funktion umkehrbar.

Der Graph von $f_1$ ist **ein** Parabelast.

Beispiel:

f: $y = (x - 2)^2 + 4$    $\mathbb{G} = \mathbb{R} \times \mathbb{R}$    Vertauschen von x und y

$R^{-1}$: $x = (y - 2)^2 + 4$    Auflösen nach y (quadratische
Gleichung mit der Variablen y
und der Formvariablen x)

$(y - 2)^2 = x - 4$

$|y - 2| = \sqrt{x - 4}$

$y - 2 = \sqrt{x - 4} \lor y - 2 = -\sqrt{x - 4}$

$R^{-1}$: $y = \sqrt{x - 4} + 2 \lor y = -\sqrt{x - 4} + 2$

Die Funktion soll umkehrbar werden.

**1. Möglichkeit:** Graph von f: rechter Parabelast von p

f: $y = (x - 2)^2 + 4$    $\mathbb{D}(f) = \{x \mid x \geq -2\}$    $\mathbb{W}(f) = \{y \mid y \geq 4\}$

Beachte:  $\mathbb{D}(f^{-1}) = \mathbb{W}(f)$
$\mathbb{W}(f^{-1}) = \mathbb{D}(f)$

$f^{-1}$: $y = \sqrt{x - 4} + 2$    $\mathbb{D}(f^{-1}) = \{x \mid x \geq 4\}$    $\mathbb{W}(f^{-1}) = \{y \mid y \geq -2\}$

**2. Möglichkeit:** Graph von f: linker Parabelast von p

f: $y = (x - 2)^2 + 4$    $\mathbb{D}(f) = \{x \mid x \leq -2\}$    $\mathbb{W}(f) = \{y \mid y \geq 4\}$

Beachte:  $\mathbb{D}(f^{-1}) = \mathbb{W}(f)$
$\mathbb{W}(f^{-1}) = \mathbb{D}(f)$

$f^{-1}$: $y = -\sqrt{x - 4} + 2$    $\mathbb{D}(f^{-1}) = \{x \mid x \geq 4\}$    $\mathbb{W}(f^{-1}) = \{x \mid x \leq -2\}$

Beispiel:

Gib die Gleichung der Umkehrrelation von f mit $y = -2(x - 4)^2 + 1$ an.

f: $y = -2(x - 4)^2 + 1$    Vertauschen der Variablen

$R^{-1}$: $x = -2(y - 4)^2 + 1$    Auflösen nach y

$2(y - 4)^2 = -x + 1$

$(y - 4)^2 = \frac{1}{2}(-x + 1)$    reinquadratische Gleichung

Denke an:

$|y - 4| = \sqrt{\frac{1}{2}(-x + 1)}$    $x^2 = a \Leftrightarrow |x| = \sqrt{a}$

$\Leftrightarrow x = \sqrt{a} \lor x = \sqrt{a}$

$y - 4 = \sqrt{\frac{1}{2}(-x + 1)}$    $\lor$    $y - 4 = -\sqrt{\frac{1}{2}(-x + 1)}$

$y = \sqrt{\frac{1}{2}(-x + 1)} + 4$    $\lor$    $y = -\sqrt{\frac{1}{2}(-x + 1)} + 4$

Schränke die Definitionsmenge $\mathbb{D}(f)$ so ein, dass $R^{-1}$ eine Funktion ist. Gib die Gleichung von $f^{-1}$, $\mathbb{D}(f^{-1})$ und $W\,(f^{-1})$ an.

Es ist $S(4\mid 1)$, $x_s = 4$, also zwei Möglichkeiten: $x \geq 4$ bzw. $x \leq 4$

Für $D(f) = \{x \mid x \geq 4\}$ gilt:
$f: y = -2(x-4)^2 + 1$

$W(f^{-1}) = \mathbb{D}(f) = \{y \mid y \geq 4\}$

Beachte:

$\mathbb{D}(f^{-1}) = \{x \mid x \leq 1\}$

Es gilt: $y = 4 + \sqrt{\phantom{x}}$ oder $y = 4 - \sqrt{\phantom{x}}$

$W\,(f^{-1}) = \{y \mid y \geq 4\}$

Da der Radikand nicht negativ ist, gilt also: $y \geq 4$ oder $y \leq 4$.

$f^{-1}: y = \sqrt{\frac{1}{2}(-x+1)} + 4$

Wegen $W(f^{-1}) = \mathbb{D}(f)$ gilt also:

$y = 4 + \sqrt{\phantom{x}}$ .

## Aufgaben:

**155.** Gegeben ist die Funktion f in $\mathbb{G} = \mathbb{R} \times \mathbb{R}$. Zeichne den Graphen von f und auch den der Umkehrrelation. Gib die Gleichung von $R^{-1}$ an.

a) $y = x^2$                    b) $y = x^2 + 3$

c) $y = (x+2)^2$           d) $y = (x-1)^2 + 4$

**156.** Gegeben ist die Funktion f in $\mathbb{G} = \mathbb{R} \times \mathbb{R}$. Gib eine Teilmenge von $\mathbb{R} \times \mathbb{R}$ an, dass f umkehrbar ist. Gib die Gleichung der Umkehrfunktion an, sowie $\mathbb{D}(f^{-1})$ und $W\,(f^{-1})$.

a) $y = -x^2 + 2$          b) $y = (x-2)^2 + 2$

c) $y = -(x-4)^2 - 3$      d) $y = \frac{1}{2}(x+1)^2 + 5$

**157.** Schränke die Definitionsmenge $\mathbb{R}$ so ein, dass f umkehrbar ist. Gib die Gleichung der Umkehrfunktion an.

a) $y = x^2 - 8x + 20$      b) $y = -x^2 + 10x - 25$

**158.** Gegeben ist die Wurzelfunktion. Gib $\mathbb{D}(f)$ und $W\,(f)$ an. Bestimme die Gleichung der Umkehrfunktion, $\mathbb{D}(f^{-1})$ und $W\,(f^{-1})$. Zeichne die Graphen von f und $f^{-1}$.

a) $y = -\sqrt{x}$               b) $y = \sqrt{x+1}$

c) $y = \sqrt{x} + 2$          d) $y = -\sqrt{x+2} - 3$

# 4

# Systeme quadratischer Aussageformen

# 4.1 Parabel und Gerade bzw. Parabel

Ist bei einem Gleichungssystem (zwei Gleichungen mit zwei Variablen) mindestens eine davon eine quadratische Gleichung, entsteht ein **quadratisches Gleichungssystem**.

## 4.1.1 Parabel und Gerade

Gegeben sind eine quadratische und eine lineare Funktion der Form:

I   $y = ax^2 + bx + c$   $\wedge$   II   $y = mx + t$

Graphische Lösung:     Es sollen Schnittpunkte von einer Parabel p und einer Geraden g gefunden werden.

Rechnerische Lösung: Durch das Gleichsetzverfahren entsteht eine quadratische Gleichung.
$\quad\quad\quad\quad\quad\quad\quad$ I = II   $ax^2 + bx + c = mx + t$
$\quad\quad\quad\quad\quad\quad\quad$ Um die Lösungsmenge des Systems zu finden, muss man eine quadratische Gleichung lösen.

| **Es sind drei Fälle möglich:** | | |
|---|---|---|
| Die quadratische Gleichung hat | Parabel und Gerade | |
| 2 Lösungen | schneiden sich, | g ist Sekante |
| 1 Lösung | berühren sich, | g ist Tangente |
| | | T ist Berührpunkt |
| keine Lösung | meiden sich, | g ist Passante |

Beispiel:

Gegeben ist die Parabel p mit $y = x^2 - 4x + 3$ und die Gerade g mit $y = -x + 7$.
Bestimme $p \cap g$ zeichnerisch und rechnerisch.

Zeichnerische Lösung:

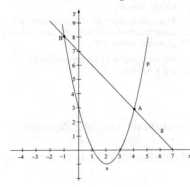

p: $y = x^2 - 4x + 3$

Bestimmung der Scheitelpunktsgleichung:
$y = x^2 - 4x + 2^2 - 4 + 3$
$y = (x - 2)^2 - 1$      $S(2 \mid -1)$
g: $y = -x + 7$
     $m = -1; \quad t = 7$

aus der Zeichnung:
$p \cap g = \{(4 \mid 3); (-1 \mid 8)\}$

Rechnerische Lösung:

I     $y = x^2 - 4x + 3$

II    $y = -x + 7$

I = II $x^2 - 4x + 3 = -x + 7$

Gleichsetzverfahren:

Herstellen der allgemeinen Form der
quadratischen Gleichung
Lösen durch quadratische Ergänzung

$$x^2 - 3x - 4 = 0$$

$$x^2 - 3x + \left(\frac{3}{2}\right)^2 = 4 + \frac{9}{4}$$

$$\left(x - \frac{3}{2}\right)^2 = \frac{25}{4}$$

$$\left| x - \frac{3}{2} \right| = \frac{5}{2}$$

$$x - \frac{3}{2} = \frac{5}{2} \quad \vee \quad x - \frac{3}{2} = -\frac{5}{2}$$

$$x = 4 \quad \vee \quad x = -1$$

aus II:

$x = 4: y = -4 + 7 \quad\quad y = 3$

$x = -1: y = 1 + 7 \quad\quad y = 8$

$\mathbb{L} = \{(4 \mid 3), B(-1 \mid 8)\}$

Schnittpunkte: $A(4 \mid 3), B(-1 \mid 8)$

Beispiel:

Zeige rechnerisch, dass die Gerade g mit $y = 2x + 3$ eine Passante der Parabel p mit $y = -2x^2 + 12x - 15$ ist.

| | |
|---|---|
| I     $y = -2x^2 + 12x - 15$ | Graph: Parabel |
| II    $y = 2x + 3$ | Graph: Gerade |
| I = II $-2x^2 + 12x - 15 = 2x + 3$ | Man erhält durch das Gleichsetzen eine |
|             $-2x^2 + 10x - 18 = 0$ | quadratische Gleichung, die keine Lösungs- |
| | elemente haben darf. |
|                 $x^2 - 5x + 9 = 0$ | Bestimmung der Diskriminanten D |
| | $a = 1$; $b = -5$; $c = 9$ |

$D = (-5)^2 - 4 \cdot 1 \cdot 9 = 25 - 36 = -11$

$D < 0$, also $\mathbb{L} = \varnothing$

Parabel und Gerade haben keinen Punkt gemeinsam, also ist g Passante.

Anmerkung: Alle Ergebnisse kannst du an Hand einer Zeichnung kontrollieren.

Beispiel:

Zeige zeichnerisch und rechnerisch, dass die Gerade g mit $y = -3x + 3{,}25$ eine Tangente der Parabel p mit $y = -x^2 - 2x + 3$ ist. Bestimme die Koordinaten des Berührpunktes.

Zeichnerische Lösung:

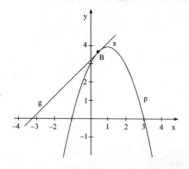

p: $y = -x^2 - 2x + 3$

Scheitelpunkt:
$y = -[x^2 + 2x + 1^2 - 1 - 3]$
$y = -[(x + 1)^2 - 4]$
$y = -(x + 1)^2 + 4$
$S(-1 \mid 4)$
g: $y = -3x + 3{,}25$

aus der Zeichnung:
$p \cap g = \{(0{,}5 \mid 1{,}75)\}$

Rechnerische Lösung:

I $\quad y = -x^2 - 2x + 3$      Graph: Parabel

II $\quad y = -3x^2 + 3,25$      Graph: Gerade
Gleichsetzverfahren

I = II $\quad -x^2 - 2x + 3 = -3x + 3,25$      Bestimmung der allgemeinen Form
der quadratischen Gleichung

$\quad\quad\quad -x^2 + x - 0,25 = 0$

Bestimmung der Diskriminanten D:
$a = -1; b = 1; c = -0,25$

$D = 1^2 - 4 \cdot (-1) \cdot (-0,25) = 1 - 1 = 0$

$D = 0$, d. h. die Tangentenbedingung ist erfüllt, g ist Tangente.

Bestimmung des Berührpunktes:

Es gilt die Formel: $x = \dfrac{1}{2a}(-b \pm \sqrt{0})$

also: $x = -\dfrac{b}{2a}$

$x = -\dfrac{1}{2 \cdot (-1)}$      $x = \dfrac{1}{2}$

aus II: $y = -3 \cdot \dfrac{1}{2} + 3,25 \quad y = 1,75$

$\mathbb{L} = \{(0,5 \mid 1,75)\}$
Berührpunkt: $B(0,5 \mid 1,75)$

**Aufgaben:**

**159.** Bestimme die Schnittpunkte der Parabel p mit der Geraden g. Überprüfe das Ergebnis mit Hilfe einer Zeichnung.

    a) $p: y = x^2 - 3$              $g: y = -x + 3$

    b) $p: y = -x^2 - 4x$           $g: y = 2x + 5$

    c) $p: y = x^2 - 8x + 12$      $g: x + y = 0$

    d) $p: y = x^2 - 4x + 10$      $g: y = 2x + 2$

**160.** Gegeben ist die Parabel p mit $y = x^2$ und die Gerade $g = AB$ durch $A(-3 \mid 0,75)$ und $B(1,25 \mid 5)$. Bestimme die Koordinaten der gemeinsamen Punkte von Parabel und Gerade.

**161.** Bestimme den Berührpunkt der nach unten geöffneten Normalparabel p durch $A(4 \mid 1)$ und $B(2 \mid 5)$ mit der Geraden g mit $y = x + 3,25$.

**162.** Die Parabel p mit $y = x^2 + 6x - 13$ und die Gerade g mit $m = -2$ schneiden sich in $A(2 \mid 3)$. Berechne die Koordinaten des 2. Schnittpunktes.

**163.** Zeige, dass die Gerade g Tangente an p ist.

a)  g: $y = 2x - 4$             p: $y = 2x^2 - 6x + 12$

b)  g: $y = 4x - 3$             p: $y = 0{,}5x^2 + 2x - 1$

**164.** Die Parabel p mit $y = -x^2 - 8x - 8$ und die Gerade g mit $y = -4x + t$ durch $A(-2 \mid 4) \in g$ sind gegeben. Berechne die gemeinsamen Punkte von Parabel und Gerade. Gib eine geometrische Begründung des Ergebnisses.

**165.** Zeige, dass die Gerade g mit $y = x + 4$ Passante an p mit $y = -x^2 - x + 2$ ist.

**166.0** Gegeben sind die Geraden $g_1$ mit $y = x + 3$ und $g_2$ mit $y = -2x + 16$, sowie die Parabel p mit $y = -\frac{1}{4}x^2 + 2x + 2$.

**166.1** Berechne den Schnittpunkt A der beiden Geraden.

**166.2** Zeige, dass die Geraden $g_1$ und $g_2$ Tangenten an p sind. Berechne die Koordinaten der Berührpunkte $B_1$ und $B_2$.

**166.3** Berechne den Flächeninhalt des Dreiecks $AB_1B_2$.

**167.** Die Funktion $f_1$ mit $y = -x^2 + 10x - 21$ und die Funktion $f_2$ mit $y = 2x - 5$ sind gegeben. Zeichne die beiden Graphen und zeige durch Rechnung, dass die Gerade g die Parabel berührt. Berechne die Koordinaten des Berührpunktes.

## 4.1.2 Parabel und Parabel

Gegeben sind zwei quadratische Funktionsgleichungen

I   $y = a_1 x^2 + b_1 x + c_1$   $\wedge$   II   $y = a_2 x^2 + b_2 x + c_2$.

Das System soll gelöst werden.

Graphische Lösung:    Es sollen Schnittpunkte zweier Parabeln bestimmt werden.

Rechnerische Lösung:  Durch das Gleichsetzverfahren entsteht für $a_1 \neq a_2$ eine quadratische Gleichung:

$$I = II \qquad a_1 x^2 + b_1 x + c_1 = a_2 x^2 + b_2 x + c_2$$

Um die Lösungsmenge des Systems zu finden, muss man i. a. eine quadratische Gleichung lösen.

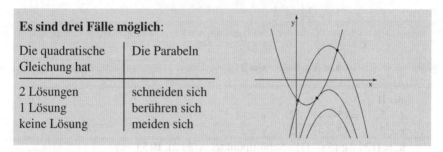

| **Es sind drei Fälle möglich:** | |
| --- | --- |
| Die quadratische Gleichung hat | Die Parabeln |
| 2 Lösungen | schneiden sich |
| 1 Lösung | berühren sich |
| keine Lösung | meiden sich |

*Anmerkung:* Sonderfall: $a_1 = a_2$
Durch das Gleichsetzen von I und II entsteht eine lineare Gleichung, d. h. man erhält stets eine eindeutige Lösung.
Geometrische Begründung:
Die beiden Parabeln haben dieselbe Öffnung, man kann sich die eine Parabel durch Verschiebung aus der anderen entstanden denken, sie schneiden sich stets in einem Punkt (keine Berührung!).

Beispiel:

Bestimme die Schnittpunkte der Parabeln $p_1$ mit $y = -x^2 + 6x - 6$ und $p_2$ mit $y = (x - 4)^2 - 2$.

| | | |
|---|---|---|
| I | $y = -x^2 + 6x - 6$ | |
| II | $y = (x - 4)^2 - 2$ | |
| I = II | $-x^2 + 6x - 6 = (x - 4)^2 - 2$ | Gleichsetzverfahren |
| | $-x^2 + 6x - 6 = x^2 - 8x + 16 - 2$ | Herstellen der allgemeinen Form der quadratischen Gleichung |
| | $-2x^2 + 14x - 20 = 0$ | |

$$x^2 - 7x + \left(\frac{7}{2}\right)^2 = -10 + \frac{49}{4} \qquad \text{Lösen der Gleichung mit Hilfe der quadratischen Ergänzung}$$

$$\left(x - \frac{7}{2}\right)^2 = \frac{9}{4}$$

$$\left| x - \frac{7}{2} \right| = \frac{3}{2}$$

$$x - \frac{7}{2} = \frac{3}{2} \quad \vee \quad x - \frac{7}{2} = -\frac{3}{2}$$

$$x = 5 \quad \vee \quad x = 2$$

aus II
$x = 5: \quad y = (5 - 4)^2 - 2 \qquad y = -1$
$x = 2: \quad y = (2 - 4)^2 - 2 \qquad y = 2$
$\mathbb{L} = \{(2 \mid 2); (5 \mid -1)\}$   Schnittpunkte: A(2 | 2), B(5 | –1)

Beispiel:

Zeige, dass die Parabeln $p_1$ mit $y = x^2 + 3$ und $p_2$ mit $y = -x^2 + 4x + 1$ einen Punkt gemeinsam haben. Berechne die Koordinaten dieses Punktes.

| | | |
|---|---|---|
| I | $y = x^2 + 3$ | |
| II | $y = -x^2 + 4x + 1$ | |
| I = II | $x^2 + 3 = -x^2 + 4x + 1$ | Gleichsetzverfahren |
| | $2x^2 - 4x + 2 = 0$ | Normalform herstellen! |
| | $x^2 - 2x + 1 = 0$ | 2. binomische Formel |
| | $(x - 1)^2 = 0$ | Die quadratische Gleichung hat nur eine Lösung, also berühren sich die Parabeln. |
| | $x = 1$ | |

Bestimmung des Berührpunkts:
$x = 1: \quad$ aus I $\quad y = 1^2 + 3$
$\qquad\qquad\qquad\quad y = 4$
$\mathbb{L} = \{(1 \mid 4)\}$   Berührpunkt: T(1 | 4)

Beispiel:

Begründe, weshalb sich die Parabeln $p_1$ mit $y = 2x^2 + 3x - 1$ und $p_2$ mit $y = 2x^2 - 2x + 9$ in genau einem Punkt schneiden, ohne sich zu berühren. Bestimme die Koordinaten des Schnittpunktes.

$$\begin{array}{lll}
\text{I} & y = 2x^2 + 3x - 1 & \\
\text{II} & y = 2x^2 - 2x + 9 & \text{Gleichsetzverfahren} \\
\text{I = II} & 2x^2 + 3x - 1 = 2x^2 - 2x + 9 & \text{Man erhält ein lineares Gleichungssystem} \\
& 3x - 1 = -2x + 9 &
\end{array}$$

Ein lineares Gleichungssystem hat in $\mathbb{R}$ eine eindeutige Lösung, also existiert genau ein Schnittpunkt von $p_1$ und $p_2$.
Bestimmung des Schnittpunktes:

$$\begin{array}{ll}
& 3x - 1 = -2x + 9 \\
& 5x = 10 \\
& x = 2 \\
\text{aus I} & y = 2 \cdot 2^2 + 3 \cdot 2 - 1 \\
& y = 13 \\
\mathbb{L} = \{(2 \mid 13)\} & \text{Schnittpunkt: } P(2 \mid 13)
\end{array}$$

**Aufgaben:**

**168.** Gegeben sind die Parabeln $p_1$ und $p_2$. Berechne gegebenfalls die Schnittpunkte der beiden Parabeln.

a) $p_1: y = -x^2 + 6x - 4$ $\qquad$ $p_2: y = -\frac{1}{3}(x-3)^2 - 1$

b) $p_1: y = x^2 - 10x + 27$ $\qquad$ $p_2: y = -2x^2 + 12x - 17$

c) $p_1: y = x^2 - 2,5$ $\qquad$ $p_2: y = -x^2 - 6x - 7$

**169.0.** Gegeben ist die Parabel $p_1$ mit $y = \frac{1}{8}x^2 - \frac{1}{2}x - 1$ und die nach unten geöffnete Normalparabel $p_2$ mit dem Scheitelpunkt $S_2(-2,5 \mid 5,25)$.

**169.1** Berechne die Koordinaten der Schnittpunkte A und B der Parabeln $p_1$ und $p_2$.

**169.2** Zeige, dass die Gerade g, die durch $C(-2 \mid 5)$ geht und parallel zu AB verläuft, Tangente an $p_2$ ist.

**170.0** Gegeben ist die Parabel $p_1$ mit $y = -(x - 6)^2 + 1$. Eine Parabel $p_2$ mit der Form $y = \frac{1}{4}x^2 + px + q$ geht durch $A(-2 \mid 5,25)$ und $B(7 \mid 3)$.

**170.1** Bestimme die Gleichung von $p_2$.

**170.2** Berechne die Koordinaten der Schnittpunkte der beiden Parabeln.

# 4.2 Parabel und Geradenschar

## 4.2.1 Parabel und Parallelenschar

Es sollen Schnittpunkte einer Parabel und einer Parallelenschar $g(t)$ mit $y = mx + t$, $t \in \mathbb{R}$ in Abhängigkeit des Parameters t untersucht werden. Eine Schargerade kann Sekante,Tangente bzw. Passante bezüglich der Parabel sein.

Beispiel:

Gegeben sind die Parabel p mit $y = x^2$ und die Parallelenschar $g(t)$ mit $y = -2x + t$, $t \in \mathbb{R}$.

1. Für welchen Parameterwert für t ist die zugehörige Gerade Tangente?

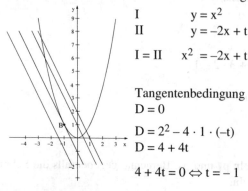

| | |
|---|---|
| I | $y = x^2$ |
| II | $y = -2x + t$ |

Man sucht die Schnittpunkte von p und g(t) in Abhängigkeit von t.

$I = II \quad x^2 = -2x + t$

Geichsetzverfahren
Man erhält eine quadratische Gleichung mit dem Parameter t.

Tangentenbedingung
$D = 0$

Berechnung der Diskriminanten D

$a = 1; b = 2; c = -t$

$D = 2^2 - 4 \cdot 1 \cdot (-t)$

$D = 4 + 4t$

Aus D = 0 kann man t berechnen.

$4 + 4t = 0 \Leftrightarrow t = -1$

2. Gib die Gleichung der Tangente an und berechne die Koordinaten des Berührpunkts:

$g(t): \quad y = -2x + t$

$-1$ für t eingesetzt

Tangente g: $y = -2x - 1$

Aus der Formel für das Lösen einer quadratischen Gleichung erhält man die x-Koordinaten des Berührpunkte:

$$x = \frac{1}{2a}(-b \pm \sqrt{D})$$

$$x = \frac{1}{2a}(-b \pm 0) \qquad x = -\frac{b}{2a}$$

$$x = -\frac{2}{2 \cdot 1} \qquad \Leftrightarrow x = -1$$

aus g: $y = -2 \cdot (-1) - 1 \Leftrightarrow y = 1$

$\mathbb{L} = \{(-1 \mid 1)\}$    Berührpunkt: B(-1 | 1)

Beispiel:

Gegeben sind die Parabel p mit $y = 0,5x^2 + x - 0,5$ sowie die Punkte $A(-1 \mid 5)$ und $B(2 \mid -1)$.

1. Gib die Gleichung der Parallenschar g(t) an, für die AB eine Schargerade ist.

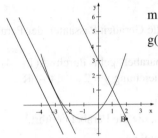

$$m = \frac{-1-5}{2+1} = \frac{-6}{3} = -2$$

Berechnung der Steigung m
für die Schar gilt: $m = -2, t \in \mathbb{R}$

$$g(t) = y = -2x + t$$

2. Für welche Parameterwerte t sind die zugehörigen Geraden Sekanten?

I $\qquad y = 0,5x^2 + x - 0,5$

Gleichungssystem für die Bestimmung der Schnittpunkte von p und g(t)

II $\qquad y = -2x + t$

I = II $\quad 0,5x^2 + x - 0,5 = -2x + t$

Gleichsetzverfahren

$\qquad 0,5x^2 + 3x - 0,5 - t = 0$

$\qquad\qquad x^2 + 6x - 1 - 2t = 0$

Sekantenbedingung: $D > 0$

Berechnung der Diskriminanten D in Abhängigkeit von t.
$a = 1; b = 6; c = -1 - 2t$

$D = 6^2 - 4 \cdot 1 \cdot (-1 - 2t)$

$D = 36 + 4 + 8t$

$D = 40 + 8t$

Mit Hilfe der Sekantenbedingung $D > 0$ kann der Parameterwert für t berechnet werden.

$40 + 8t > 0$

$\qquad 8t \; > -40$

$\qquad\; t \; > -5$

Für $t > -5$ sind die Schargeraden Sekanten.

**Aufgaben:**

**171.0** Gegeben ist die Parabel p mit $y = \frac{1}{2}x^2 - 4$ und die Schar g(t) mit

$y = 2x + t$, $t \in \mathbb{R}$.

**171.1** Bestimme die Gleichung aus g(t), die Tangente an die Parabel ist sowie die Koordinaten des Berührpunktes.

**171.2** Für welche Parameterwerte für t sind die Geraden Passanten der Parabel?

**171.0** Eine nach unten geöffnete Normalparabel geht durch $A(1\,|-4)$ und $B(6\,|\,1)$. Ein Geradenbüschel hat die Gleichung $y = 2x + t$, $t \in \mathbb{R}$.

**172.1** Bestimme die Gleichung der Parabel $p_1$.

**172.2** Gib die Schargleichung der Geraden an, die die Parabel berührt.

**172.3** Berechne die Koordinaten des Berührpunktes.

**172.4** Für welche Parameterwerte erhält man aus g(t) Sekanten? Gib die Koordinaten der Schnittpunkte in Abhängigkeit von t an.

## 4.2.2 Parabel und Geradenbüschel

Es sollen Schnittpunkte einer Parabel p mit einem Geradenbüschel g(m) mit $y = mx + t$, $m \in \mathbb{R}$ in Abhängigkeit des Parameters m untersucht werden. Eine Büschelgerade kann Sekante, Tangente bzw. Passante bezüglich der Parabel sein.

Beispiel:

Gegeben ist die Parabel p mit $y = x^2 - 2x + 3$ und das Geradenbüschel g(m) mit $y = mx - 4m + 7$ ($m \in \mathbb{R}$). Für welche Parameterwerte sind die Büschelgeraden Passanten?

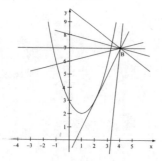

I $\qquad$ $y = x^2 - 2x + 3$ $\qquad$ Gleichungsystem zur Bestimmung der
Schnittpunkte von p und g(m).
$\wedge$ II $\qquad$ $y = mx - 4m + 7$ $\qquad$ Das Gleichsetzverfahren bringt eine quadratische Gleichung mit dem Parameter m.

I = II $\quad x^2 - 2x + 3 = mx - 4m + 7$ $\qquad$ Umformung in die allgemeine Form.
$\qquad x^2 - 2x + 3 - mx + 4m - 7 = 0$
$\qquad x^2 - (2 + m) + 4m - 4 = 0$

Passantenbedingung: $D < 0$ $\qquad$ Berechnung der Diskriminanten D
$a = 1; b = -(2 + m); c = 4m - 4$

$D = [-(2 + m)]^2 - 4 \cdot 1 \cdot (4m - 4)$
$D = 4 + 4m + m^2 - 16m + 16$
$D = m^2 - 12m + 20$

$\qquad$ Passantenbedingung: $D < 0$

$m^2 - 12m + 20 < 0$ $\qquad$ Es entsteht eine quadratische Ungleichung.
$m^2 - 12m + 6^2 < -20 + 36$
$\quad (m - 6)^2 < 4$
$\quad |m - 6| < 4$
$-4 < m - 6 < 4$
$\qquad 2 < m < 10$ $\qquad$ Doppelungleichung

$\mathbb{L} = \,]2; 10[$

Die Geraden mit der Steigung $m \in \,]2; 10[$ sind Passanten.

## Beispiel:

Gegeben ist die Parabel p mit $y = -x^2 + 4x - 2$ und der Punkt P(2,5 | 4).
Bestimme die Gleichung der Tangente von P aus an die Parabel und berechne
die Koordinaten der Berührpunkte.

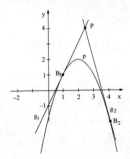

P(2,5 | 4) als Büschelpunkt liefert das Geradenbüschel:

g(m): $y = m(x - 2,5) + 4 \Leftrightarrow y = mx - 2,5m + 4$

| | | |
|---|---|---|
| I | $y = -x^2 + 4x - 2$ | Gleichungssystem |
| ∧ II | $y = mx - 2,5m + 4$ | Gleichsetzverfahren: quadratische Gleichung mit dem Parameter m |

I = II  $-x^2 + 4x - 2 = mx - 2,5m + 4$     Umformung in die allgemeine Form

$-x^2 + 4x - 2 - mx + 2,5m - 4 = 0$

$-x^2 + (4 - m)x + 2,5m - 6 = 0$

$x^2 - (4 - m)x - 2,5m + 6 = 0$

Tangentenbedingung: D = 0     Berechnung der Diskriminanten D in Abhängigkeit von m
$a = 1; b = -(4 - m); c = -2,5m + 6$

$D = [-(4 - m)]^2 - 4 \cdot (-2,5 + 6)$

$D = 16 - 8m + m^2 + 10m - 24$

$D = m^2 + 2m - 8$

$m^2 + 2m - 8 = 0$     Tangentenbedingung: D = 0

$m^2 + 2m + 1^2 = 8 + 1$     Es entsteht eine quadratische Gleichung mit der Variablen m.
Lösen der Gleichung mit Hilfe der quadratischen Ergänzung

$(m + 1)^2 = 9$

$|m + 1| = 3$

$m + 1 = 3 \quad \vee \quad m + 1 = -3$

$m = 2 \quad \vee \quad m = -4$

Bestimmung der Tangentengleichungen:

$m = 2: \quad g_1: y = 2x - 2,5 \cdot 2 + 4$     in g(m) eingesetzt

$y = 2x - 1$

$m = -4: \quad g_2: y = -4x - 2,5 \cdot (-4) + 4$

$y = -4x + 14$

Berechnung der Berührpunkte:     $p \cap g = \{B_n\}$, wegen D = 0:

$x = -\frac{b}{2a}$

$m = 2: \quad x = \frac{+(4-2)}{2} \Leftrightarrow x = 1$     y aus $g_1$: $y = 2 \cdot 1 - 1 \quad \Leftrightarrow$
$y = 1$

$m = -4 \quad x = \frac{+(4+4)}{2} \Leftrightarrow x = 4$     y aus $g_2$: $y = -4 \cdot 4 + 14 \quad \Leftrightarrow$
$y = -2$

$\mathbb{L} = \{(1 | 1); (4 | -2)\}$

Berührpunkte: $B_1(1 | 1)$, $B_2(4 | -2)$

**Aufgaben:**

**173.0** Gegeben ist die Parabel p mit $y = x^2 - 4x + 5$ und der Punkt P(3 | –2).

**173.1** Stelle die Gleichung des Geradenbüschels g(m) mit P als Büschelpunkt auf.

**173.2** Bestimme die Tangentengleichungen von P aus an die Parabel.

**173.3** Bestimme die Koordinaten der Berührpunkte der Tangenten.

**174.** Gegeben ist die Parabel $p_1$ mit $y = x^2 - 8x + 17$. Bestimme die Gleichung der Tangenten von P(5 | 2) an die Parabel.

**175.0** Gegeben ist die Parabel $p_1$ mit $y = -x^2 + 4x - 7$ und P(1 | –4) $\in p_1$.

**175.1** Bestimme die Gleichung der Parabeltangente g in P.

**175.2** Zeige, dass g auch Tangente an $p_2$ mit $y = -x^2 + 8x - 15$ ist.

**176.** Zeige rechnerisch, dass von P(1 | 2) aus keine Tangente an p mit $y = -x^2 + 5$ möglich ist.

**177.** Gegeben ist die Parabel p mit $y = -x^2 + 3$ und B(–1 | 2) als Berührpunkt einer Parabeltangente. Bestimme die Gleichung der Tangente.

**178.0** Gegeben ist die Parabel p mit $y = x^2 + 6x + 8$, sowie die Gerade g mit $y = 2x + 8$.

**178.1** Bestimme die Koordinaten der Schnittpunkte A und B von Parabel und Geraden.

**178.2** Bestimme die Gleichung der Tangente $t_1$ mit A(–4 | 0) als Berührpunkt.

**178.3** Berechne die Gleichung der Tangente $t_2$, die parallel zu g verläuft.

# 4.3  Parabelschar und Gerade bzw. Parabel

### 4.3.1 Parabelschar und Gerade

Um gemeinsame Punkte einer Parabelschar und einer Geraden zu finden, liegt
nach dem Gleichsetzen der beiden Gleichungen eine quadratische Gleichung vor.

Beispiel:

Gegeben ist die Parabelschar p(a) mit $y = x^2 - ax - 2$ ($a \in \mathbb{R}$) und die Gerade
g mit $y = 2x - 3$.

1. Bestimme den Wert für a so, dass die betreffende Scharparabel die Gerade
   berührt und gib die betreffende Parabelgleichung an.

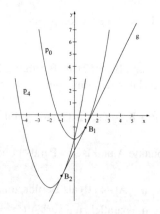

| | | |
|---|---|---|
| I $\quad y = x^2 - ax - 2$ | | Graph: Parabelschar |
| $\wedge$ II $\quad y = 2x - 3$ | | Graph: Gerade |
| | | Gleichsetzverfahren |
| I = II $\quad x^2 - ax - 2 = 2x - 3$ | | Quadratische Gleichung mit dem Parameter a |
| $x^2 - ax - 2x + 1 = 0$ | | Umformen in die allgemeine Form |
| $x^2 - (a + 2)x + 1 = 0$ | | |
| Tangentenbedingung: $D = 0$ | | Berechnung der Diskriminanten in Abhängig-keit von a |
| $D = [-(a + 2)]^2 - 4$ | | $b = -(a + 2); c = 1$ |
| $D = a^2 + 4a + 4 - 4$ | | |
| $D = a^2 + 4a$ | | |

$a^2 + 4a = 0$

$a(a + 4) = 0$

$a = 0 \lor a = -4$

$a = 0$:     $p_0$:  $y = x^2 - 2$

$a = -4$:    $p_{-4}$:  $y = x^2 + 4x - 2$

Tangentenbedingung: D = 0: Berechnen der Werte für a

Es gibt 2 Werte für a, d. h. g berührt zwei Parabeln.

2. Berechne die Koordinaten der Berührpunkte.

$a = 0$:  $x = \dfrac{0 + 2}{2}$     $\Leftrightarrow x = 1$

aus II  $y = 2 \cdot 1 - 3$   $\Leftrightarrow y = -1$    $B_1(1 \mid -1)$

$a = -4$:  $x = \dfrac{-4 + 2}{2}$     $\Leftrightarrow x = -1$

aus II  $y = 2 \cdot (-1) - 3 \Leftrightarrow y = -5$    $B_2(-1 \mid -5)$

**Aufgaben:**

**179.** Die Parabelschar p(a) mit $y = x^2 - ax - 3$ ($a \in \mathbb{R}$) enthält zwei Scharparabeln, welche die Gerade g mit $y = 2x - 4$ berühren. Bestimme die Gleichungen dieser Parabeln sowie die Koordinaten der Berührpunkte.

**180.** Die Parabelschar p(a) mit $y = -x^2 + ax + a$ ($a \in \mathbb{R}$) hat zwei Parabeln, welche die Gerade g mit $y = 4x + 4$ als Tangente haben. Berechne die Gleichungen der Scharparabeln und die Koordinaten der Berührpunkte.

**181.** Bestimme die Parameterwerte für a so, dass g mit $y = -2x + 1$ Tangente an jeweils eine Parabel der Schar p(a) mit $y = x^2 - (a + 1)x + 9$ ist ($a \in \mathbb{R}$).

**182.1** Zeige durch Rechnung, dass alle Parabeln der Schar p(a) mit $y = -(x + a)^2 + 2a - 3$ ($a \in \mathbb{R}$) die Gerade g mit $y = -2x - 2$ berühren.

**182.2** Berechne die Koordinaten der Berührpunkte in Abhängigkeit von a.

## 4.3.2 Parabelschar und Parabel

Beispiel:

Gegeben ist die Parabelschar p(a) mit $y = x^2 - 2ax + a^2$ ($a \in \mathbb{R}$) und die Parabel p' mit $y = -x^2 + 6x - 8$. Zeige, dass keine Scharparabel von p(a) die Parabel p' berührt.

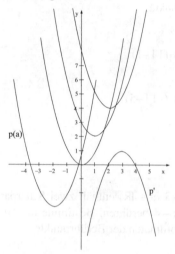

| | |
|---|---|
| I $\quad y = x^2 - 2ax + a^2 + 2a$ | Graph: Parabelschar |
| $\wedge$ II $\quad y = -x^2 + 6x - 8$ | Graph: Parabel p' |
| | Gleichsetzverfahren |
| I = II $\quad x^2 - 2ax + a^2 + 2a = -x^2 - 6x - 8$ | Quadratische Gleichung mit dem Parameter a |
| | Umformen in die allgemeine Form |
| $\qquad 2x^2 - 2ax - 6x + a^2 + 2a + 8 = 0$ | |
| $\qquad 2x^2 - (2a + 6)x + a^2 + 2a + 8 = 0$ | |
| Tangentenbedingung: $D = 0$ | Berechnung der Diskriminante D in Abhängigkeit von a |
| $D = [-(2a + 6)]^2 - 4 \cdot 2 \cdot (a^2 + 2a + 8)$ | $a = 2; b = -(2a - 6); c = a^2 + 2a + 8$ |
| $D = 4a^2 + 24a + 36 - 8a^2 - 16a - 64$ | |
| $D = -4a^2 + 8a - 28$ | |

$-4a^2 + 8a - 28 = 0$

Tangentenbedingung: D = 0; Lösen
der quadratischen Gleichung mit der
Variablen a

$a^2 - 2a + 7 = 0$

$a^2 - 2a = -7$

$a^2 - 2a + 1^2 = -7 + 1$

$(a - 1)^2 = -6$

Ein Quadrat ist nicht-negativ!

$\mathbb{L} = \varnothing$ Es gibt keine Tangente.

**Aufgaben:**

**283.** Gegeben ist die Parabelschar p(a) mit $y = x^2 + a$ ($a \in \mathbb{R}$) und die Parabel p' mit $y = -x^2 - 6x - 7$. Berechne a so, dass die zugehörige Scharparabel die Parabel p' berührt.

**284.0** Gegeben ist die Parabelschar p(a) mit $y = -x^2 + a$ ($a \in \mathbb{R}$) und die Parabel p' mit $y = x^2 + 4x + 5$.

**284.1** Bestimme den Parameterwert für a so, dass sich die betreffenden Scharparabel und die Parabel p' berühren.

**284.2** Berechne die Gleichung der Scharparabel und die Koordinaten des Berührpunkts B.

**284.3** Zeige, dass die Gerade g mit $y = 2x + 4$ die Gleichung der gemeinsamen Tangente im Berührpunkt B ist.

**285.0** Gegeben ist die Parabel $p_1$ mit $y = \frac{2}{3}x^2 - 5$ und die Parabelschar p(x) mit $y = x^2 + 2ax + 3a^2 - 5$ ($a \in \mathbb{R}$).

**285.1** Zeige, dass die Parabel $p_1$ alle Parabeln der Schar p(a) berührt.

**285.2** Gib die Koordinaten des Berührpunkts in Abhängigkeit von a an.

# Lösungen

**1.** a) $M_1 \times M_2 = \{(1 \mid 0); (2 \mid 0)\}$
$M_2 \times M_1 = \{(0 \mid 1); (0 \mid 2)\}$

b) $M_1 \times M_2 = \{(-2 \mid 5); (-2 \mid 7); (-1 \mid 5); (-1 \mid 7); (0 \mid 5); (0 \mid 7)\}$
$M_2 \times M_1 = \{(5 \mid -2), (5 \mid -1); (5 \mid 0); (7 \mid -2); (7 \mid -1); (7 \mid 0)\}$

c) $M_1 \times M_2 = \{(1 \mid 1); (1 \mid 2); (1 \mid 3); (4 \mid 1); (4 \mid 2); (4 \mid 3)\}$
$M_2 \times M_1 = \{(1 \mid 1); (1 \mid 4); (2 \mid 1); (2 \mid 4); (3 \mid 1); (3 \mid 4)\}$

d) $M_1 \times M_2 = \{(5 \mid 6); (5 \mid 7); (5 \mid 8); (6 \mid 6); (6 \mid 7); (6 \mid 8)\}$
$M_2 \times M_1 = \{(6 \mid 5); (6 \mid 6); (7 \mid 5); (7 \mid 6); (8 \mid 5); (8 \mid 6)\}$

**2.** a) $A \times B = \{(1 \mid 1); (1 \mid 2); (2 \mid 1); (2 \mid 2)\}$

b) $A \times B = \{(2 \mid 1); (2 \mid 2); (3 \mid 1); (3 \mid 2); (4 \mid 1); (4 \mid 2)\}$

c) $A \times B = \{(-3 \mid 1); (-2 \mid 1); (-1 \mid 1); (0 \mid 1); (1 \mid 1)\}$

d) $A \times B = \{(-1 \mid 0); (-1 \mid 1); (-1 \mid 2); (-1 \mid 3); (0 \mid 0); (0 \mid 1); (0 \mid 2);$
$(0 \mid 3); (1 \mid 0); (1 \mid 1); (1 \mid 2); (1 \mid 3); (2 \mid 0); (2 \mid 1); (2 \mid 2);$
$(2 \mid 3)\}$

e) $A \times B = \{(-5 \mid -1); (-5 \mid 1); (-4 \mid -1); (-4 \mid 1); (-3 \mid -1); (-3 \mid 1);$
$(-2 \mid -1); (-2 \mid 1); (-1 \mid -1); (-1 \mid 1); (0 \mid -1); (0 \mid 1)\}$

f) $A \times B = \{(4 \mid 1); (5 \mid 1); (6 \mid 1); (4 \mid 2); (5 \mid 2); (6 \mid 2)\}$

**3.**   a)   $A \times B = \{(2|1); (2|3); (2|5); (4|1); (4|3); (4|5); (6|1); (6|3);(6|5)\}$

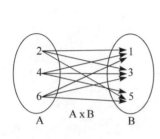 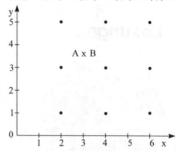

b)   $A \times B = \{(-2|2); (-2|3); (-2|4); (-1|2); (-1|3); (-1|4); (0|2); (0|3);$
$(0|4)\}$

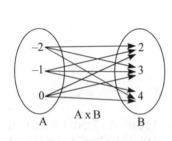 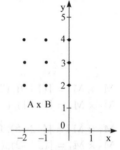

c)   $A \times B = \{(3|3); (3|4); (3|5); (3|6); (3|7); (4|3); (4|4); (4|5);$
$(4|6); (4|7); (5|3); (5|4); (5|5); (5|6); (5|7); (6|3);$
$(6|4); (6|5); (6|6); (6|7); (7|3); (7|4); (7|5); (7|6);$
$(7|7)\}$

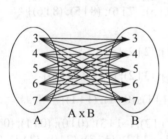 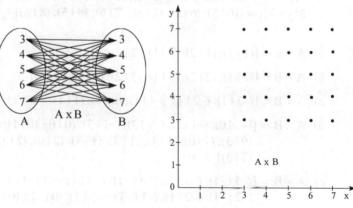

d)  A × B = {(0|-4); (0|-3); (0|-2); (0|-1); (0|0); (0|1); (0|2); (0|3); (2|-4); (2|-3); (2|-2); (2|-1); (2|0); (2|1); (2|2); (2|3)}

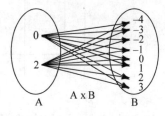

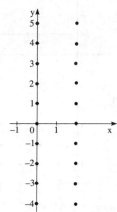

**4.** a)

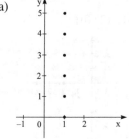

b)

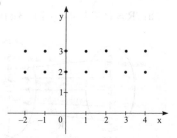

c)

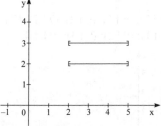

d)

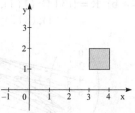

e)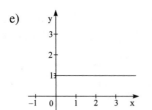

f)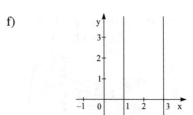

g)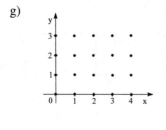

h)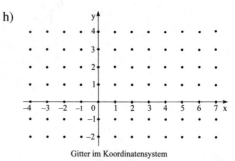

Gitter im Koordinatensystem

**5.** a) $R = \{(-2 \mid -4); (-1 \mid -3); (0 \mid -2); (1 \mid -1); (2 \mid 0)\}$

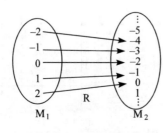

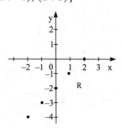

b) $R = \{(3 \mid 1); (4 \mid 1); (5 \mid 1); (5 \mid 2); (6 \mid 1); (6 \mid 2); (7 \mid 1); (7 \mid 2); (7 \mid 3);$
$(8 \mid 1); (8 \mid 2); (8 \mid 3); (9 \mid 1); (9 \mid 2); (9 \mid 3); (9 \mid 4)\}$

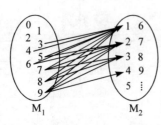

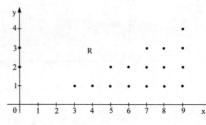

c) $R = \{(-3 \mid 0); (0 \mid 3); (3 \mid 0)\}$

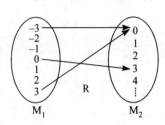 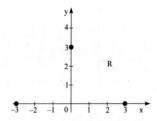

d) $R = \varnothing$  Es existiert kein Pfeildiagramm und kein Graph.

**6.**  a)

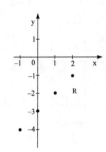

b)

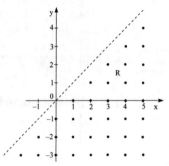

c)

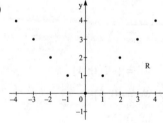

d)

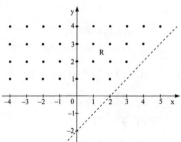

**7.**  a) $R = \{(1 \mid -2,5); (2 \mid -2); (3 \mid -1,5); (4 \mid -1)\}$

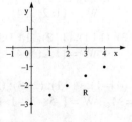

b) $R = \{8 \mid 1); (10 \mid 2); (12 \mid 3)\}$

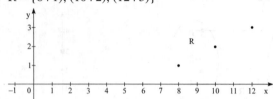

c) $R = \{(8 \mid 1)\}$

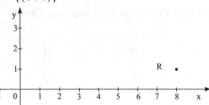

d) $R = \{(6 \mid 0); (7 \mid 0,5); (8 \mid 1)\}$

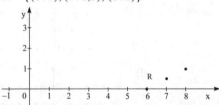

**8.**   a) $\text{ID} = \{-2; -1; 0; 2; 4\}$        $W = \{-2; 0; 4\}$

      b) $\text{ID} = \{-4; -2; 0; 4\}$        $W = \{0; 5\}$

      c) $\text{ID} = \{1; 3; 5; 7\}$          $W = \{1\}$

      d) $\text{ID} = \{4,5\}$              $W = \{-2; 0; 2; 4\}$

**9.**   a) $R = \{(-1 \mid 4); (1 \mid 1); (3 \mid 1); (3 \mid 2); (4 \mid 3)\}$
          $\text{ID} = \{-1; 1; 3; 4\}$        $W = \{1; 2; 3; 4\}$

      b) $R = \{(-2 \mid 2); (0 \mid 1); (0 \mid 3); (1 \mid 1); (1 \mid 2); (1 \mid 3); (1 \mid 4); (4 \mid 3)\}$
          $\text{ID} = \{-2; 0; 1; 4\}$        $W = \{1; 2; 3; 4\}$

**10.**   a) $R = \{(-2 \mid -5); (-1 \mid -3); (0 \mid -1); (1 \mid 1); (2 \mid 3); (3 \mid 5)\}$
          $\text{ID} = \{-2; -1; 0; 1; 2; 3\} = M$     $W = \{-5; -3; -1; 1; 3; 5\}$

b)  R  = {(−2 | 0); (0 | −8); (2 | −8); (4 | 0); (6 | 16)}
    ID = {−2; 0; 2; 4; 6} = M      W = {−8; 0; 16}

c)  R  = {(−1 | 2); (0 | 0,5); (1 | 0); (2 | 0,5); (3 | 2); (4 | 4,5); (5 | 8)}
    ID = {−1; 0; 1; 2; 3; 4; 5} = M  W = {0; 0,5; 2; 4,5; 8}

d)  R  = {(−4 | 32); (−3 | 21); (−2 | 12); (−1 | 5); (0 | 0); (1 | −3)}
    ID = {−4; −3; −2; −1; 0; 1} = M  W = {−3; 0,5; 12; 21; 32}

**11.**  a)  R = {(1 | 0); (2 | 0); (2 | 1); (3 | 0); (3 | 1); (3 | 2); (4 | 0); (4 | 1); (4 | 2); (4 | 3)}

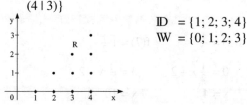

ID = {1; 2; 3; 4}
W  = {0; 1; 2; 3}

b)  R = {1 | −3); (1 | −2); (1 | −1); (2 | −2); (2 | −1); (3 | −1)}

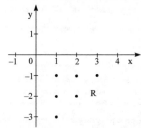

ID = {1; 2; 3}
W  = {−1; −2; −3}

c)  R = {(0 | 1); (0 | 2); (0 | 3); (1 | −2); (1 | −1); (1 | 0), (1 | 1); (1 | 2); (1 | 3); (2 | −3); (2 | −2); (2 | −1); (2 | 0); (2 | 1); (2 | 2); (2 | 3); (3 | −2); (3 | −1); (3 | 0); (3 | 1); (3 | 2); (3 | 3); (4 | 1); (4 | 2); (4 | 3)}

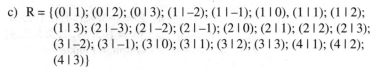

ID = {1; 2; 3; 4}
W  = {−2; −1; 0; 1; 2; 3}

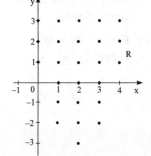

d) R = {(–3 | 0); (–3 | 1); (–3 | 2); (–3 | 3); (–2 | 0); (–2 | 1); (–2 | 2);
(–1 | 0); (–1 | 1); (0 | 0); (1 | 0); (1 | 1); (2 | 0); (2 | 1); (2 | 2);
(3 | 0); (3 | 1); (3 | 2); (3 | 3)}

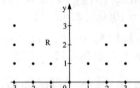

$\mathbb{D}$ = {–3; –2; –1; 0; 2; 3}
$\mathbb{W}$ = {0; 1; 2; 3}

**12.1** $f(x) = \frac{1}{2}x - 2$

**12.2** $f(3) = -\frac{1}{2}$ $\qquad$ $f(5) = \frac{1}{2}$ $\qquad$ $f(7) = 1\frac{1}{2}$

**12.3** $-3 = \frac{1}{2}x - 2$ $\qquad$ $0 = \frac{1}{2}x - 2$ $\qquad$ $3 = \frac{1}{2}x - 2$
$\quad$ $x = -2$ $\qquad\qquad$ $x = 4$ $\qquad\qquad$ $x = 10$

**12.4**

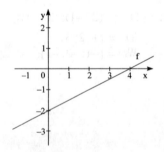

**13.**

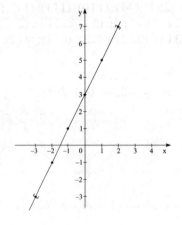

a) $\mathbb{D}$ = {–3; –2; –1; 0; 1; 2; 3}
$\mathbb{W}$ = {–3; –1; 1; 3; 5; 7; 9}
Graph: 6 Punkte

b) $\mathbb{D}$ = [–3; 2] $\mathbb{W}$ = [–3; 7]
Graph: Strecke

c) $\mathbb{D}$ = $\mathbb{Q}$ $\mathbb{W}$ = $\mathbb{Q}$
Graph: Gerade

**14.**  a)

| x | –1,5 | –1 | –0,5 | 0 | 0,5 | 1 | 1,5 |
|---|------|----|------|---|-----|---|-----|
| y | 7 | 5 | 3 | 1 | –1 | –3 | –5 |

$\mathbb{D} = \{-1,5; -1; -0,5; 0;$
$0,5; 1; 1,5\} = M$
$W = \{-5; -3; -1; 1; 3; 5; 7\}$

b)

| x | –5 | –3 | –1 | 1 | 3 | 5 |
|---|----|----|----|---|---|---|
| y | 6,3 | 1 | –1,7 | –1,7 | 1 | 6,3 |

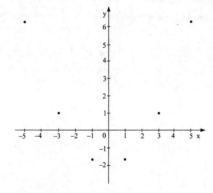

$\mathbb{D} = \{-5; -3; -1; 1; 3; 5\} = M$
$W = \{-1,7; 1; 6,3\}$

**15.**   a)

| x | –2 | –1 | 0 | 1 | 2 | 3 | 4 |
|---|----|----|---|---|---|---|---|
| y | 0  | 1  | 2 | 3 | 4 | 5 | 6 |

$\mathbb{G} = \mathbb{Q} \times \mathbb{Q}$

   b)

| x | –2 | –1  | 0 | 1   | 2 | 3   | 4 |
|---|----|-----|---|-----|---|-----|---|
| y | 6  | 5,5 | 5 | 4,5 | 4 | 3,5 | 3 |

$\mathbb{G} = \mathbb{Q} \times \mathbb{Q}$

   c)

| x | –2 | –1 | 0  | 1  | 2  | 3  | 4 |
|---|----|----|----|----|----|----|---|
| y | 0  | –5 | –8 | –9 | –8 | –5 | 0 |

$\mathbb{G} = \mathbb{Q} \times \mathbb{Q}$

   d)

| x | –2 | –1 | 0 | 1 | 2 | 3 | 4 |
|---|----|----|---|---|---|---|---|
| y | 5  | 4  | 3 | 2 | 1 | 0 | 1 |

$\mathbb{G} = \mathbb{Q} \times \mathbb{Q}$

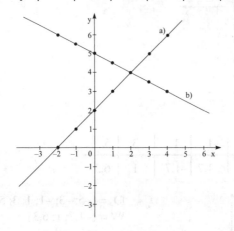

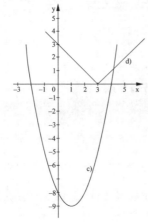

**16.**  P: $7 = 4 \cdot 3 - 5$  $\qquad$ $7 = 7$  (w)  $P \in G(f)$
$\qquad$ Q: $-7 = 4 \cdot (-0{,}5) - 5$  $\qquad$ $-7 = -7$  (w)  $Q \in G(f)$
$\qquad$ R: $8{,}5 = 4 \cdot 3{,}5 - 5$  $\qquad$ $8{,}5 = 9$  (f)  $R \notin G(f)$

$\qquad$ P: $3 \cdot 0 + 4 \cdot 3 = 12$  $\qquad$ $12 = 12$  (w)  $P \in G(f)$
$\qquad$ Q: $3 \cdot 6 + 4 \cdot (-1) = 12$  $\qquad$ $14 = 12$  (f)  $Q \notin G(f)$
$\qquad$ R: $3 \cdot (-8) + 4 \cdot 9 = 12$  $\qquad$ $12 = 12$  (w)  $R \in G(f)$

$\qquad$ P: $(3 + 1)(6 - 2) = 16$  $\qquad$ $4 = 4$  (w)  $P \in G(f)$
$\qquad$ Q: $(-5 + 1)(-2 - 2) = 16$  $\qquad$ $16 = 16$  (w)  $Q \in G(f)$
$\qquad$ R: $(15 + 1)(-1 - 2) = 16$  $\qquad$ $-48 = 16$  (f)  $R \notin G(f)$

**17.**  a)  P: $0 > 2 \cdot 0 - 1$  $\qquad$ $0 > -1$  (w)  $P \in G(f)$
$\qquad$ Q: $7 > 2 \cdot 3 - 1$  $\qquad$ $7 > 5$  (w)  $Q \in G(f)$
$\qquad$ R: $6 > 2 \cdot 4 - 1$  $\qquad$ $6 > 7$  (f)  $R \notin G(f)$

$\qquad$ b)  P: $2 \cdot (-1{,}5) + 4 \cdot (-1) + 5 \le 0$  $\qquad$ $-3 \le 0$  (w)  $P \in G(f)$
$\qquad$ Q: $2 \cdot 0{,}5 + 4 \cdot (-1{,}5) + 5 \le 0$  $\qquad$ $0 \le 0$  (w)  $Q \in G(f)$
$\qquad$ R: $2 \cdot 8 + 4 \cdot (-5) + 5 \le 0$  $\qquad$ $1 \le 0$  (f)  $R \notin G(f)$

$\qquad$ c)  P: $4 \cdot 1 < 2 \cdot (4 + 1)$  $\qquad$ $4 < 10$  (w)  $P \in G(f)$
$\qquad$ Q: $7 \cdot 2 < 2 \cdot (7 + 1)$  $\qquad$ $14 < 16$  (w)  $Q \in G(f)$
$\qquad$ R: $-3 \cdot 1 < 2 \cdot (-3 + 1)$  $\qquad$ $-3 < -4$  (f)  $R \notin G(f)$

$\qquad$ d)  P: $(0 - (-4)) \cdot 2 \ge 0 + (-4)$  $\qquad$ $8 \ge -4$  (w)  $P \in G(f)$
$\qquad$ Q: $(-2 - 0) \cdot 2 \ge -2 + 0$  $\qquad$ $-4 \ge -2$  (f)  $Q \notin G(f)$
$\qquad$ R: $(9 - 3) \cdot 2 \ge 9 + 3$  $\qquad$ $12 \ge 12$  (w)  $R \in G(f)$

**18.**  a)  $2x = 0$  $\qquad$ $x = 0$  $\qquad$ $\mathbb{L} = \{0\}$  $\qquad$ Nullstelle: $0$

$\qquad$ b)  $-3x - 9 = 0$  $\qquad$ $x = -3$  $\qquad$ $\mathbb{L} = \{-3\}$  $\qquad$ Nullstelle: $-3$

$\qquad$ c)  $-4x - \frac{1}{2} = 0$  $\qquad$ $x = -\frac{1}{8}$  $\qquad$ $\mathbb{L} = \left\{-\frac{1}{8}\right\}$  $\qquad$ Nullstelle: $-\frac{1}{8}$

$\qquad$ d)  $\frac{1}{2} x - 8 = 0$  $\qquad$ $x = 16$  $\qquad$ $\mathbb{L} = \{16\}$  $\qquad$ Nullstelle: $16$

**19.**  a)  $3x - 5 = 0$  $\qquad$ $x = \frac{5}{3}$  $\qquad$ $\mathbb{L} = \left\{\frac{5}{3}\right\}$  $\qquad$ Nullstelle: $\frac{5}{3}$

$\qquad$ b)  $-4x = 6$  $\qquad$ $x = -\frac{3}{2}$  $\qquad$ $\mathbb{L} = \left\{-\frac{3}{2}\right\}$  $\qquad$ Nullstelle: $-\frac{3}{2}$

c) $x + 11 = 0$ $\qquad$ $x = -11$ $\qquad$ $\mathbb{L} = \{-11\}$ $\qquad$ Nullstelle: $-11$

d) $-3x + 7 = 0$ $\qquad$ $x = \frac{7}{3}$ $\qquad$ $\mathbb{L} = \left\{\frac{7}{3}\right\}$ $\qquad$ Nullstelle: $\frac{7}{3}$

**20.** a) $x^2 - 4x = 0$ $\qquad$ $x(x - 4) = 0$ $\qquad$ $x = 0 \vee x - 4 = 0$
$x = 0 \vee x = 4$ $\qquad$ $\mathbb{L} = \{0; 4\}$ $\qquad$ Nullstellen: 0; 4

b) $2x^2 + x = 0$ $\qquad$ $x(2x + 1) = 0$ $\qquad$ $x = 0 \vee 2x + 1 = 0$
$x = 0 \vee x = -0{,}5$ $\qquad$ $\mathbb{L} = \{-0{,}5; 0\}$ $\qquad$ Nullstellen: $-0{,}5$; 0

c) $\frac{1}{3}x^2 + 2x = 0$ $\qquad$ $x^2 + 6x = 0$ $\qquad$ $x(x + 6) = 0$ $\qquad$ $x = 0 \vee x + 6 = 0$
$x = 0 \vee x = -6$ $\qquad$ $\mathbb{L} = \{-6; 0\}$ $\qquad$ Nullstellen: $-6$; 0

d) $-\frac{2}{3}x^2 - 6x = 0$ $\qquad$ $x^2 + 9x = 0$ $\qquad$ $x(x + 9) = 0$ $\qquad$ $x = 0 \vee x + 9 = 0$
$x = 0 \vee x = -9$ $\qquad$ $\mathbb{L} = \{-9; 0\}$ $\qquad$ Nullstellen: $-9$; 0

**21.** a) $x^2 - 10x + 25 = 0 (x - 5)^2 = 0$
$x - 5 = 0$ $\qquad$ $x = 5$ $\qquad$ $\mathbb{L} = \{5\}$ $\qquad$ Nullstelle: 5

b) $-x^2 - 2x - 1 = 0$ $\qquad$ $x^2 + 2x + 1 = 0$ $\qquad$ $(x + 1)^2 = 0$
$x + 1 = 0$ $\qquad$ $x = -1$ $\qquad$ $\mathbb{L} = \{-1\}$ $\qquad$ Nullstelle: $-1$

c) $2x^2 - 8x + 8 = 0$ $\qquad$ $x^2 - 4x + 4 = 0$ $\qquad$ $(x - 2)^2 = 0$
$x - 2 = 0$ $\qquad$ $x = 2$ $\qquad$ $\mathbb{L} = \{2\}$ $\qquad$ Nullstelle: 2

d) $-\frac{1}{2}x^2 + 3x - \frac{9}{2} = 0$ $\qquad$ $x^2 - 6x + 9 = 0$ $\qquad$ $(x - 3)^2 = 0$
$x - 3 = 0$ $\qquad$ $x = 3$ $\qquad$ $\mathbb{L} = \{3\}$ $\qquad$ Nullstelle: 3

**22.** a) $x^2 - 1 = 0$ $\qquad$ $(x + 1)(x - 1) = 0$ $\qquad$ $x + 1 = 0 \vee x - 1 = 0$
$x = -1 \vee x = 1$ $\qquad$ $\mathbb{L} = \{-1; 1\}$ $\qquad$ Nullstellen: $-1$; 1

b) $4x^2 - 36 = 0$ $\qquad$ $x^2 - 9 = 0$ $\qquad$ $(x + 3)(x - 3) = 0$ $\qquad$ $x + 3 = 0 \vee x - 3 = 0$
$x = -3 \vee x = 3$ $\qquad$ $\mathbb{L} = \{-3; 3\}$ $\qquad$ Nullstellen: $-3$; 3

c) $-3x^2 + 48 = 0$ $\qquad$ $x^2 - 16 = 0$ $\qquad$ $(x + 4)(x - 4) = 0$ $\qquad$ $x + 4 = 0 \vee x - 4 = 0$
$x = -4 \vee x = 4$ $\qquad$ $\mathbb{L} = \{-4; 4\}$ $\qquad$ Nullstellen: $-4$; 4

d) $\frac{1}{4}x^2 - 4 = 0$ $\qquad$ $x^2 - 16 = 0$ $\qquad$ $(x + 4)(x - 4) = 0$ $\qquad$ $x + 4 = 0 \vee x - 4 = 0$
$x = -4 \vee x = 4$ $\qquad$ $\mathbb{L} = \{-4; 4\}$ $\qquad$ Nullstellen: $-4$; 4

**23.** a)

| x | −4 | −3 | −2 | −1 | 0 | 1 | 2 | 3 | 4 |
|---|---|---|---|---|---|---|---|---|---|
| y | −0,25 | −0,33 | −0,5 | −1 | − | 1 | 0,5 | 0,33 | 0,25 |

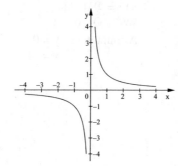

$\mathbb{D} = \mathbb{Q} \setminus \{0\}$
$\mathbb{W} = \mathbb{Q} \setminus \{0\}$
Asymptoten: $y = 0$ (x-Achse)
$\quad\quad\quad\quad\quad x = 0$ (y-Achse)

b)

| x | −4 | −3 | −2 | −1 | 0 | 1 | 2 | 3 | 4 |
|---|---|---|---|---|---|---|---|---|---|
| y | 0,5 | 0,67 | 1 | 2 | − | −2 | −1 | −0,67 | −0,5 |

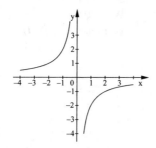

$\mathbb{D} = \mathbb{Q} \setminus \{0\}$
$\mathbb{W} = \mathbb{Q} \setminus \{0\}$
Asymptoten: $y = 0$ (x-Achse)
$\quad\quad\quad\quad\quad x = 0$ (y-Achse)

**24.** a)

| x | −1 | 0 | 1 | 2 | 3 | 4 | 5 | 6 | 7 |
|---|---|---|---|---|---|---|---|---|---|
| y | −0,5 | −0,67 | −1 | −2 | − | 2 | 1 | 0,67 | 0,5 |

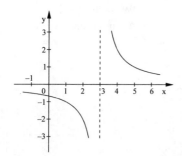

$\mathbb{D} = \mathbb{Q} \setminus \{3\}$
$\mathbb{W} = \mathbb{Q} \setminus \{0\}$
Asymptoten: $y = 0$ (x-Achse)
$\quad\quad\quad\quad\quad x = 3$

b)

| x | −5 | −4 | −3 | −2 | −1 | 0 | 1 | 2 | 3 |
|---|----|----|----|----|----|---|---|---|---|
| y | 1 | 1,33 | 2 | 4 | − | −4 | −2 | −1,33 | −1 |

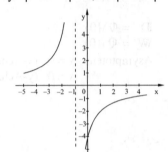

$\mathbb{D} = \mathbb{Q} \setminus \{-1\}$
$\mathbb{W} = \mathbb{Q} \setminus \{0\}$
Asymptoten:　$y = 0$
　　　　　　　$x = -1$

**25.**　a)

| x | −3 | −2 | −1 | 0 | 1 | 2 | 3 |
|---|----|----|----|---|---|---|---|
| y | 5 | 5,5 | 7 | − | 1 | 2,5 | 3 |

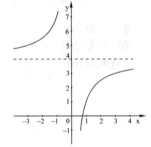

$\mathbb{D} = \mathbb{Q} \setminus \{0\}$
$\mathbb{W} = \mathbb{Q} \setminus \{4\}$
Asymptoten:　$y = 0$
　　　　　　　$x = 4$

b)

| x | −3 | −2 | −1 | 0 | 1 | 2 | 3 |
|---|----|----|----|---|---|---|---|
| y | −3,67 | −4 | −5 | − | −1 | −2 | −2,67 |

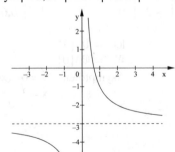

$\mathbb{D} = \mathbb{Q} \setminus \{0\}$
$\mathbb{W} = \mathbb{Q} \setminus \{-3\}$
Asymptoten:　$y = 0$
　　　　　　　$x = -3$

**26.** a)

| x | –6 | –5 | –4 | –3 | –2 | –1 | 0 | 1 | 2 |
|---|---|---|---|---|---|---|---|---|---|
| y | –4 | –4,33 | –5 | – | –1 | –2 | –2,67 | –1,67 | –2 |

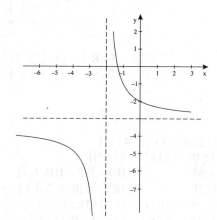

$D = \mathbb{Q} \setminus \{-2\}$
$W = \mathbb{Q} \setminus \{-3\}$
Asymptoten:  $x = -2$
$\qquad\qquad\quad y = -3$

b)

| x | –2 | –1 | 0 | 1 | 2 | 3 | 4 | 5 | 6 |
|---|---|---|---|---|---|---|---|---|---|
| y | 2,5 | 2 | 1 | –2 | – | 10 | 7 | 6 | 5,5 |

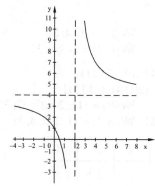

$\mathbb{D} = \mathbb{Q} \setminus \{2\}$
$W = \mathbb{Q} \setminus \{4\}$
Asymptoten:  $y = 2$
$\qquad\qquad\quad x = 4$

**27.** a)

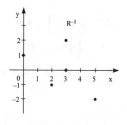

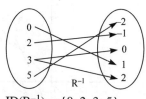

$\mathbb{D}(R^{-1}) = \{0; 2; 3; 5\}$
$W(R^{-1}) = \{-2; -1; 0; 1; 2\}$

b)

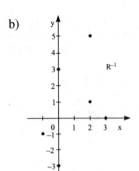

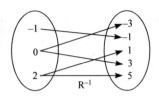

$ID(R^{-1}) = \{-1; 0; 2\}$
$W(R^{-1}) = \{-3; -1; 1; 3; 5\}$

**28.**  a)  $R = \{(0 \mid -2); (1 \mid -1); (2 \mid 0); (3 \mid 1); (4 \mid 2)\}$
$R^{-1} = \{(-2 \mid 0); (-1 \mid 1); (0 \mid 2); (1 \mid 3); (2 \mid 4)\}$
$ID(R) = \{0; 1; 2; 3; 4\} = M$       $W(R) = \{-2; -1; 0; 1; 2\}$
$ID(R^{-1}) = \{-2; -1; 0; 1; 2\}$       $W(R^{-1}) = \{0; 1; 2; 3; 4\}$

b)  $R = \{(-2 \mid -7); (-1; -5); (0 \mid -3); (1 \mid -1); (2 \mid 1); (3 \mid 3)\}$
$R^{-1} = \{(-7 \mid -2); (-5 \mid -1); (-3 \mid 0); (-1 \mid 1); (1 \mid 2); (3 \mid 3)\}$
$ID(R) = \{-2; -1; 0; 1; 2; 3\}$       $W(R) = \{-7; -5; -3; -1; 1; 3\}$
$ID(R^{-1}) = \{-7; -5; -3; 1; 3\} = M$    $W(R^{-1}) = \{-2; -1; 0; 1; 2; 3\}$

c)  $R = \{(-3 \mid 8); (0; 4); (3 \mid 0)\}$
$R^{-1} = \{(8 \mid -3); (4 \mid 0); (0 \mid 3)\}$
$ID(R) = \{-3; 0; 3\}$       $W(R) = \{0; 4; 8\}$
$ID(R^{-1}) = \{0; 4; 8\}$       $W(R^{-1}) = \{-3; 0; 3\}$

d)  $R = \{(1 \mid 35); (2; 32); (3 \mid 27); (4 \mid 20); (5 \mid 11)\}$
$R^{-1} = \{(35 \mid 1); (32 \mid 2); (27 \mid 3); (20 \mid 4); (11 \mid 5)\}$
$ID(R) = \{1; 2; 3; 4; 5\}$       $W(R) = \{11; 20; 27; 32; 35\}$
$ID(R^{-1}) = \{10; 20; 27; 32; 35\} = M$    $W(R^{-1}) = \{1; 2; 3; 4; 5\}$

**29.**  a)

| x | -2 | -1 | 0 | 1 | 2 | 3 | 4 |
|---|----|----|----|----|----|----|----|
| y | 0 | 0,5 | 1 | 1,5 | 2 | 2,5 | 3 |

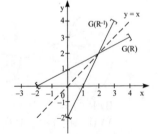

$R^{-1}$:   $x = \frac{1}{2} y + 1$

$\frac{1}{2} y = x - 1$

$R^{-1}$:   $y = 2x - 2,\ x \in [0; 3]$

b) $R: y = \frac{2}{5}x - 2$

| x | 0 | 1 | 2 | 3 | 4 | 5 |
|---|---|---|---|---|---|---|
| y | –2 | –1,6 | –1,2 | –0,8 | –0,4 | 0 |

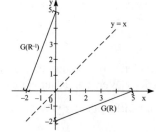

$R^{-1}: 2y - 5x = 10$
$2y = 5x + 10$
$R^{-1}: \quad y = 2{,}5x + 5,$
$x \in [-2; 0]$

c)

| x | –3 | –2 | –1 | 0 | 1 | 2 | 3 |
|---|---|---|---|---|---|---|---|
| y | 0 | 5 | 8 | 9 | 8 | 5 | 0 |

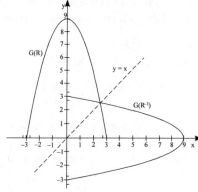

$R^{-1}: x = -y^2 + 9$
$y^2 = 9 - x, \quad x \in [0; 9]$

d)

| x | 1 | 2 | 3 | 4 | 5 | 6 | 7 |
|---|---|---|---|---|---|---|---|
| y | 6 | 4 | 3 | 2,4 | 2 | 1,71 | 1,5 |

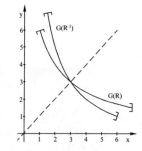

$R^{-1}: (y + 1) \cdot x = 12$
$y + 1 = \frac{12}{x}$
$R^{-1}: \quad y = \frac{12}{x} - 1,$
$x \in [1{,}5; 6]$

**30.**  a) f ist nicht umkehrbar, denn eine Parallele zu y-Achse schneidet den Graphen von f in zwei Punkten.

b) f ist umkehrbar, denn auf der Parallelen zur y-Achse liegt höchsten ein Punkt von G(f).

c) f ist nicht umkehrbar.

d) f ist nicht umkehrbar.

**31.**  a) R ist Funktion, da jeder x-Wert von R nur einmal auftritt. Die Funktion ist umkehrbar, da jeder y-Wert von R nur einmal vorkommt.

b) R ist Funktion, sie ist nicht umkehrbar, da der y-Wert –1 zweimal auftritt.

c) R ist keine Funktion, da der x-Wert –1 zweimal auftritt. Die Umkehrrelation ist eine Funktion.

d) R ist keine Funktion, da der x-Wert G zweimal auftritt. Die Umkehrrelation ist keine Funktion, da der y-Wert –8 dreimal vorkommt.

**32.**  a) f:  $y = 0$      Funktion       Graph:  x-Achse
$R^{-1}$: $x = 0$      keine Funktion              y-Achse

b) R:  $x = 0$      keine Funktion   Graph:  y-Achse
$f^{-1}$: $y = 0$      Funktion                  x-Achse

c) f:  $y = 2$      Funktion           Graph:  Parallele zur x-Achse durch $(0\,|\,2)$

$R^{-1}$: $x = 2$      keine Funktion   Graph:  Parallele zur y-Achse durch $(2\,|\,0)$

d) R:  $x = -1$      keine Funktion   Graph:  Parallele zur y-Achse durch $(-1\,|\,0)$

$f^{-1}$: $y = -1$          Graph:  Parallele zur x-Achse durch $(0\,|\,-1)$

**33.**  a) f:  $y = x + 2$
$f^{-1}$: $x = y + 2$   $\Leftrightarrow$   $y = x - 2$
Funktion, da der Term x – 2 bei den Belegungen eindeutig bestimmbar ist.

b) f: $3x + 4y = 7$

$f^{-1}$: $3y + 4x = 7$ $\Leftrightarrow$ $3y = 7 - 4x$ $\Leftrightarrow$ $y = \frac{7}{3} - \frac{4}{3}x$

Funktion, da der Term $f^{-1}(x)$ bei allen Belegungen eindeutig bestimmbar ist.

c) f: $y = x^2 + 1$

$R^{-1}$: $x = y^2 + 1$ $\Leftrightarrow$ $y^2 = x - 1$ (in $\mathbb{Q}$ nicht nach y auflösbar!)

z. B.: $x = 5$ ergibt $y^2 = 4$: $y = 2 \vee y = -2$

Für $x = 5$ erhält man keinen eindeutigen Termwert, d. h. die Funktion ist nicht umkehrbar.

d) f: $y = |x|$

$R^{-1}$: $x = |y|$ $\Leftrightarrow$ $y = x \vee y = -x$

Man erhält bei Belegungen ($\neq 0$) keine eindeutigen Termwerte, die Funktion ist also nicht umkehrbar.

e) f: $x \cdot y = 4$

$f^{-1}$: $y \cdot x = 4$ $\Leftrightarrow$ $x \cdot y = 4$

Funktion und Umkehrrelation stimmen überein.

f) f: $x \cdot (y + 1) = -3$

$f^{-1}$: $y(x + 1) = -3$ $\Leftrightarrow$ $y = \frac{3}{x + 1}$

Man erhält für alle $x \neq -1$ stets einen eindeutigen Termwert, f ist also umkehrbar.

**34.**

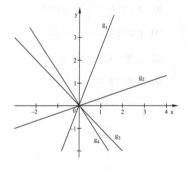

**35.**

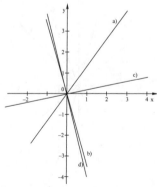

a) $y = \frac{4}{3}x$      b) $y = -3{,}5x$

c) $y = 0{,}2x$      d) $y = -4x$

**36.**  a) $A \in g; B \in g$        b) $A \notin g; B \notin g$

      c) $A \in g; B \in g$        d) $A \in g; B \notin g$

**37.**  a) $6 = m \cdot 4$    b) $-2 = m \cdot 3$    c) $5 = m \cdot (-4)$    d) $-1 = m \cdot (-2)$

      $m = 1{,}5$          $m = -\frac{2}{3}$         $m = -\frac{5}{4}$         $m = \frac{1}{2}$

      $g: y = 1{,}5x$      $g: y = -\frac{2}{3}x$     $g: y = -\frac{5}{4}x$     $g: y = \frac{1}{2}x$

**38.**  a) $g = OA: 5 = m \cdot 2$        b) $g = OA: 3 = m \cdot (-2)$

             $m = 2{,}5$                  $m = -1{,}5$

        $g:\quad y = 2{,}5x$              $g:\quad y = -1{,}5x$

        $B: -7{,}5 = 2{,}5 \cdot (-3)$       $B:\quad -6 = -1{,}5x \cdot 4$

           $-7{,}5 = -7{,}5 \;(w)$           $-6 = -6 \;(w)$

        $B \in OA$                    $B \in OA$

      c) $g = OA: 2{,}5 = m \cdot 2$       d) $g = OA: -7 = m \cdot 3$

               $m = 0{,}5$                   $m = -\frac{7}{3}$

        $g:\qquad y = 0{,}5x$              $g:\qquad y = -\frac{7}{3}x$

        $B:\qquad -2{,}5 = 0{,}5 \cdot (-4)$

              $-2{,}5 = -2 \;(f)$         $B:\qquad 13 = -\frac{7}{3} \cdot (-6)$

        $B \notin g = OA$                      $13 = 14 \;(f)$

                                     $B \notin g = OA$

**39.**

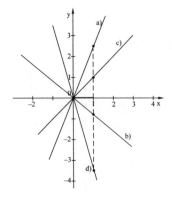

      a) $g$ mit $y = 2{,}5x$ steigt

      b) $g$ mit $y = -0{,}8$ fällt

      c) $g$ mit $y = x$ steigt

      d) $g$ mit $y = -3{,}5$ fällt

**40.**  a) $m = 1{,}5$   $g: y = 1{,}5x$        b) $m = -0{,}5$   $g: y = -0{,}5x$

**41.**  $m_1 \cdot m_3 = 0{,}25 \cdot (-4) = -1 \quad \Rightarrow \quad g_1 \perp g_3$
$m_2 \cdot m_4 = 0{,}5 \cdot (-2) = -1 \quad \Rightarrow \quad g_2 \perp g_4$

**42.**  a)  $g_2\colon y = x$                  b)  $g_2\colon y = -\dfrac{10}{3}x$

     c)  $g_2\colon y = \dfrac{7}{4}x$             d)  $g_2\colon y = -\dfrac{5}{4}x$

**43.**

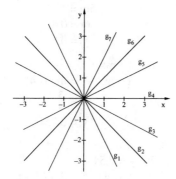

$g_1 \perp g_5 \qquad g_2 \perp g_6 \qquad g_3 \perp g_7$

**44.**

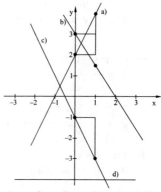

a) $x = 2x + 2$     b) $y = -1{,}5x + 3$
c) $y = -2x - 1$    d) $y = -4$

**45.**

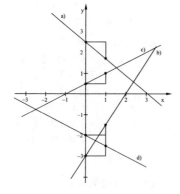

**46.**  a)  $y = -2x + t$             b)  $y = 1{,}5x + t$
       $P \in g\colon \ 3 = -2 \cdot 0 + t$         $P \in g\colon \ 0 = 1{,}5 \cdot 3 + t$
               $t = 3$                     $t = -4{,}5$
       $g\colon \quad y = -2x + 3$           $g\colon \quad y = 1{,}5x - 4{,}5$

c) $y = 3x + t$
   $P \in g: \ -3 = 3 \cdot 1 + t$
          $t = -6$
   $g: \qquad y = 3x - 6$

d) $y = -2,5x + t$
   $P \in g: \ -5 = -2,5 \cdot (-3) + t$
          $t = -12,5$
   $g: \qquad y = -2,5x - 12,5$

**47.** a) $y = mx + 6$
     $A \in g: \ 0 = m \cdot 4 + 6$
           $m = -1,5$
     $g: \qquad y = -1,5x + 6$

b) $y = mx - 2$
   $P \in g: \ 2 = m \cdot 5 - 2$
          $5m = 4$
          $m = 0,8$
   $g: \qquad y = 0,8x - 2$

c) $y = mx - 0,5$
     $A \in g: \quad 4 = m \cdot (-3) - 0,5$
          $-3m = 4,5$
            $m = -1,5$
     $g: \qquad y = -1,5x - 0,5$

d) $y = mx$
   $A \in g: -3 = m \cdot (-4)$
            $m = \dfrac{3}{4}$
   $g: \qquad y = 0,75x$

**48.** a) $y = -x + t$
     $A \in g: \ 1 = -2 + t$
           $t = 3$
     $g: \qquad y = -x + 3$
     $B: \qquad -2 = -5 + 3$
            $-2 = -2$ (w)

     $B \in g$

b) $y = 2,5x + t$
   $A \in g: \ 5 = 2,5 \cdot 3 + t$
          $t = -2,5$
   $g: \qquad y = 2,5x - 2,5$
   $B: \qquad -7 = 2,5 \cdot (-2) - 2,5$
          $-7 = -7,5$ (f)

   $B \notin g$

c) $y = mx + 7$
     $A \in g: \ -3 = m \cdot 5 + 7$
           $5m = -10$
            $m = -2$
     $g: \qquad y = -2x + 7$
     $B: \qquad 9 = -2 \cdot (-1) + 7$
            $9 = 9$ (w)

     $B \in g$

d) $y = mx - 4$
   $A \in g: \ 3 = m \cdot 2 - 4$
          $2m = 7$
          $m = 3,5$
   $g: \qquad y = 3,5x - 4$
   $B: \qquad -1 = 3,5 \cdot 1 - 4$
          $-1 = -0,5$ (f)

   $B \notin g$

**49.** a) $y = -0,8x + t$
     $A \in g: \ 0 = -0,8 \cdot 3 + t$
           $t = 2,4$
     $g: \qquad y = -0,8x + 2,4$
     $B: \qquad y_B = -0,8 \cdot (-2) + 2,4$
            $y_B = 4$
     $B(-2 \mid 4)$

b) $y = 0,25x + t$
   $A \in g: \ -5 = 0,25 \cdot 4 + t$
          $t = -6$
   $g: \qquad y = 0,25x - 6$
   $B: \qquad -6,5 = 0,25 \cdot x_B - 6$
          $x_B = -2$
   $B(-2 \mid -6,5)$

c) $y = mx + 4$

$A \in g$: $2,5 = m \cdot 6 + 4$

$m = -0,25$

g: $\quad y = -0,25x + 4$

B: $\quad 8 = -0,25 \cdot x_B + 4$

$\quad x_B = -16$

$B(-16 \mid 8)$

d) $y = mx - \frac{5}{3}$

$A \in g$: $-1 = m \cdot 1 - \frac{5}{3}$

$m = \frac{2}{3}$

g: $\quad y = \frac{2}{3}x - \frac{5}{3}$

B: $\quad y_B = \frac{2}{3} \cdot 7 - \frac{5}{3}$

$\quad y_B = 3$

$B(7 \mid 3)$

**50.**

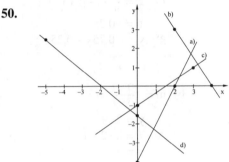

a) $A(0 \mid -4)$, $\quad B(2 \mid 0)$

b) $A(2 \mid 3)$, $\quad B(4 \mid 0)$

c) $A(0 \mid -1)$, $\quad B(3 \mid 1)$

d) $A(0 \mid -1,5)$, $\quad B(-5 \mid 2,5)$

**51.** a) $m = \frac{1-4}{5-2} = -1$

b) $m = \frac{6-2}{6-2} = 1$

c) $m = \frac{-7-(-1)}{5-2} = -2$

d) $m = \frac{4-2}{0-(-5)} = \frac{2}{5}$

e) $m = \frac{0-(-5)}{-4-(-2)} = -2,5$

f) $m = \frac{-4-3}{-3-4} = 1$

**52.** a) $m = \frac{4-0}{3-0} = \frac{4}{3}$

$y = \frac{4}{3}x + t$

P: $0 = \frac{4}{3} \cdot 0 + t$

$t = 0$

g: $y = \frac{4}{3}x$

b) $m = \frac{1-(-1)}{7-1} = \frac{1}{3}$

$y = \frac{1}{3}x + t$

P: $1 = \frac{1}{3} \cdot 1 + t$

$t = -\frac{4}{3}$

g: $y = \frac{1}{3}x - \frac{4}{3}$

c) $m = \dfrac{-1-(-4)}{-4-2} = -0,5$

   $\quad y = -0,5x + t$

   P:  $-4 = -0,5 \cdot 2 + t$

   $\quad t = -3$

   g:  $y = -0,5x - 3$

d) $m = \dfrac{-7-2}{-1-2} = 3$

   $\quad y = 3x + t$

   P:  $2 = 3 \cdot 2 + t$

   $\quad t = -4$

   g:  $y = 3x - 4$

e) $m = \dfrac{-5-2}{-1,5-0,5} = 3,5$

   $\quad y = 3,5x + t$

   P:  $2 = 3,5 \cdot 0,5 + t$

   $\quad t = 0,25$

   g:  $y = 3,5x + 0,25$

f) $m = \dfrac{-1-2}{1-(-3)} = -\dfrac{3}{4}$

   $\quad y = -\dfrac{3}{4}x + t$

   P:  $2 = \dfrac{3}{4} \cdot (-3) + t$

   $\quad t = -0,25$

   g:  $y = -0,75x - 0,25$

**53.**  a) $m = \dfrac{2-(-2)}{8-0} = \dfrac{1}{2}$

   $\quad y = \dfrac{1}{2}x + t$

   A:  $-2 = \dfrac{1}{2} \cdot 0 + t$

   $\quad t = -2$

   g:  $y = \dfrac{1}{2}x - 2$

   NS:  $\quad y = 0$

   $\quad \dfrac{1}{2}x - 2 = 0$

   $\quad\quad x = 4$

   NS: 4

b) $m = \dfrac{-3-7}{-3-2} = 2$

   $\quad y = 2x + t$

   A:  $7 = 2 \cdot 2 + t$

   $\quad t = 3$

   g:  $y = 2x + 3$

   NS:  $\quad y = 0$

   $\quad 2x + 3 = 0$

   $\quad\quad x = -1,5$

   NS: $-1,5$

**54.**  a)  P(–1 | 2,5), Q(4 | 5)          b)  P(–3 | 0), Q(1 | 6)

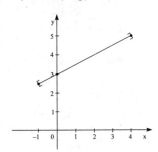          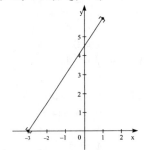

A:  $4 = 0,5 \cdot 2 + 3$          A:  A = Q

$4 = 4$ (w)          A ∈ [PQ]          B:  $3 = 1,5 \cdot (-1) + 4,5$

B: $6 \in [-1; 4]$  ⟹ B ∉ [PQ]          $3 = 3$ (w)    B ∈ [PQ]


**55.**  a)  $m_{AB} = \dfrac{7-1}{-1-5} = -1$          b)  $m_{AB} = \dfrac{0-2}{-3-3} = \dfrac{1}{3}$

$y = -x + t$

A:  $1 = -5 + t$          $y = \dfrac{1}{3} + t$

$t = 6$          A:  $2 = \dfrac{1}{3} \cdot 3 + t$

g:  $y = -x + 6$          $t = 1$

C:  $y_C = -3 + 6$          g:  $y = \dfrac{1}{3}x + 1$

$y_C = 3$      C(3 | 3)          C:  $6 = \dfrac{1}{3}x_C + 1$

D:  $8 = -x_D + 6$

$x_D = -2$      D(–2 | 8)          $x_C = 15$      C(15 | 6)

D:  $y_D = \dfrac{1}{3} \cdot 6 + 1$

$y_D = 3$      D(6 | 3)


**56.**  a)  $m_1 = -1,5$    $m_2 = \dfrac{6+3}{-4-2} = -1,5$    $g_1 \parallel g_2$

b)  $m_1 = 3$    $m_2 = \dfrac{2+4}{2-0} = 3$    $g_1 \parallel g_2$

c)  $m_1 = 0,5$    $m_2 = \dfrac{1-3}{-4-1} = \dfrac{2}{5}$    $g_1 \nparallel g_2$

**57.**   a) $m_1 = m_2 = -4$                           b) $m_1 = m_2 = -1$
$\qquad\qquad y = -4x + t$                                 $\qquad\qquad y = -x + t$
$\qquad$ P:  $0 = -4 \cdot 0 + t$                           P:  $-3 = -2 + t$
$\qquad\qquad t = 0$                                          $\qquad\qquad t = -1$
$\qquad g_2$:  $y = -4x$                                   $\qquad g_2$:  $y = -x - 1$

$\qquad$ c) $m_1 = m_2 = 1,5$                          d) $m_1 = m_2 = 2,5$
$\qquad\qquad y = 1,5x + t$                               $\qquad\qquad y = 2,5x + t$
$\qquad$ P:  $5 = 1,5 \cdot 4 + t$                        P:  $-1 = 2,5 \cdot (-2) + t$
$\qquad\qquad t = -1$                                        $\qquad\qquad t = 4$
$\qquad g_2$:  $y = 1,5x - 1$                             $\qquad g_2$:  $y = 2,5x + 4$

**58.**   $m_{[AB]} = \dfrac{4-0}{6+2} = \dfrac{1}{2}$          $m_{[DC]} = \dfrac{5-3}{1-3} = \dfrac{1}{2}$

$\qquad$ $m_{[AB]} = m_{[DC]} \;\Rightarrow\; \qquad [AB] \parallel [DC] \qquad$ Trapez

**59.**   $m_{[AB]} = \dfrac{-3-1}{5+1} = -\dfrac{2}{3}$          $m_{[BC]} = \dfrac{2+3}{9-5} = \dfrac{5}{4}$

$\qquad$ $m_{[DC]} = \dfrac{2-6}{9-3} = -\dfrac{2}{3}$          $m_{[AD]} = \dfrac{6-1}{3+1} = \dfrac{5}{4}$

$\qquad$ $m_{[AB]} = m_{[DC]} \qquad \Rightarrow \qquad [AB] \parallel [DC]$

$\qquad$ $m_{[BC]} = m_{[AD]} \qquad \Rightarrow \qquad [BC] \parallel [AD] \qquad$ Parallelogramm

**60.1**   $\overrightarrow{AM_1} = \overrightarrow{M_1B} \quad$ M(x I y) $\qquad\qquad$ $\overrightarrow{AM_2} = \overrightarrow{M_2C} \quad$ $M_2$(x I y)

$\qquad$ $\begin{pmatrix} x-1 \\ 4-0 \end{pmatrix} = \begin{pmatrix} 7-x \\ 7-y \end{pmatrix}$ $\qquad\qquad$ $\begin{pmatrix} x-1 \\ y-0 \end{pmatrix} = \begin{pmatrix} -2-x \\ 7-y \end{pmatrix}$

$\qquad$ $x - 1 = 7 - x \;\wedge\; y - 0 = 4 - y$ $\qquad$ $x - 1 = -2 - x \;\wedge\; y = 7 - y$
$\qquad\quad 2x = 8 \qquad\wedge\qquad 2y = 4$ $\qquad\qquad 2x = -1 \qquad\wedge\; 2y = 7$
$\qquad\qquad x = 4 \qquad\wedge\qquad y = 2$ $\qquad\qquad\quad x = -0,5 \;\wedge\; y = 3,5$
$\qquad$ $M_1(4 \, I \, 2)$ $\qquad\qquad\qquad\qquad\qquad$ $M_2(-0,5 \, I \, 3,5)$

**60.2**   $m_{[M_1M_2]} = \dfrac{3,5-2}{-0,5-4} = -\dfrac{1}{3}$ $\qquad$ $m_{[BC]} = \dfrac{7-4}{-2-7} = -\dfrac{1}{3}$

$\qquad$ $m_{[M_1M_2]} = m_{[BC]} \qquad \Rightarrow \qquad [M_1M_2] \parallel [BC]$

**61.** a) $m_1 = -\frac{1}{3}$   $m_2 = 3$ $\qquad$ $m_1 \cdot m_2 = -\frac{1}{3} \cdot 3 = -1$ $\qquad$ $g_1 \perp g_2$

b) $g_1 : y = -\frac{3}{2}x + \frac{7}{2}$ $\qquad\qquad$ $g_2 : y = \frac{2}{3}x + \frac{4}{3}$

$\qquad m_1 = -\frac{3}{2}$   $m_2 = \frac{2}{3}$ $\qquad$ $m_1 \cdot m_2 = -\frac{3}{2} \cdot \frac{2}{3} = -1$ $\qquad$ $g_1 \perp g_2$

**62.** a) $m_1 = \frac{1}{2}$   $m_2 = \frac{1-5}{2-0} = -\frac{5}{2}$   $m_1 \cdot m_2 = \frac{1}{2} \cdot \left(-\frac{5}{2}\right) = -1$ $\qquad$ $g_1 \perp g_2$

b) $m_1 = 0{,}2$   $m_2 = \frac{-8-7}{2+1} = -5$   $m_1 \cdot m_2 = 0{,}2 \cdot (-5) = -1$ $\qquad$ $g_1 \perp g_2$

**63.** a) $m_1 = 1$ $\qquad m_2 = -\frac{1}{1} = -1$ $\qquad$ b) $m_1 = -2$ $\qquad m_2 = -\frac{1}{-2} = \frac{1}{2}$

$$\begin{array}{l} \qquad\quad y = -x + t \\ P: \quad 0 = -4 + t \\ \qquad\quad t = +4 \\ g: \quad y = -x + 4 \end{array}$$

$$\begin{array}{l} \qquad\quad y = \frac{1}{2}x + t \\ P: \quad -2 = \frac{1}{2} \cdot (-1) + t \\ \qquad\quad t = -\frac{3}{2} \\ g: \quad y = \frac{1}{2}x - \frac{3}{2} \end{array}$$

c) $m_1 = 0{,}5$ $\qquad m_2 = -\frac{1}{0{,}5} = -2$ $\qquad$ d) $m_1 = -\frac{2}{5}$ $\qquad m_2 = -\frac{1}{-\frac{2}{5}} = \frac{5}{2}$

$$\begin{array}{l} \qquad\quad y = -2x + t \\ P: \quad 0 = -2 \cdot 0 + t \\ \qquad\quad t = 0 \\ g_2 : \quad y = -2x \end{array}$$

$$\begin{array}{l} \qquad\quad y = 2{,}5x + t \\ P: \quad 5 = 2{,}5 \cdot 3 + t \\ \qquad\quad t = -2{,}5 \\ g_2 : \quad y = 2{,}5x - 2{,}5 \end{array}$$

**64.** $m_{[AC]} = \frac{6+2}{1-2} = -8$ $\qquad\qquad$ $m_{[DC]} = \frac{3-4}{-3-5} = \frac{1}{8}$

$m_{[AC]} \cdot m_{[BD]} = -8 \cdot \frac{1}{8} = -1$ $\quad \Rightarrow \quad$ $[AC] \perp [BD]$

**65.** $m_{[AB]} = \frac{5-2}{5-7} = -\frac{3}{2}$ $\qquad\qquad$ $m_{[BC]} = \frac{1-5}{-1-5} = \frac{2}{3}$

$m_{[DC]} = \frac{1+2}{-1-1} = -\frac{3}{2}$ $\qquad\qquad$ $m_{[AD]} = \frac{-2-2}{1-7} = \frac{2}{3}$

$\left.\begin{array}{l} m_{[AB]} = m_{[DC]} \quad \Rightarrow \quad [AB] \parallel [DC] \\ m_{[BC]} = m_{[AD]} \quad \Rightarrow \quad [BC] \parallel [AD] \end{array}\right\} \Rightarrow$ ABCD ist ein Parallelogramm.

$$m_{[AB]} \cdot m_{[BC]} = -\frac{3}{2} \cdot \frac{2}{3} = -1 \quad \Rightarrow \quad \text{rechtwinkliges Parallelogramm}$$

$$\Rightarrow \quad \text{ABCD ist ein Rechteck.}$$

**66.** $\quad m_{[AB]} = \frac{-1-1}{7-1} = -\frac{1}{3} \quad m_{[BC]} = \frac{5+1}{9-7} = 3 \quad m_{[AC]} = \frac{5-1}{9-1} = \frac{1}{2}$

$\quad\quad m_{[DC]} = \frac{5-7}{9-3} = -\frac{1}{3} \quad m_{[AD]} = \frac{7-1}{3-1} = 3 \quad m_{[BC]} = \frac{7+1}{3-7} = -2$

$m_{[AB]} = m_{[BC]} \quad \wedge \quad m_{[BC]} = m_{[AD]} \quad \Leftrightarrow \quad [AB] \parallel [DC] \wedge [BC] \parallel [AD]$

ABCD ist Pallalelogramm.

$m_{[AB]} \cdot m_{[BC]} = -\frac{1}{3} \cdot 3 = -1 \quad \Leftrightarrow \quad [AB] \perp [BC]$

ABCD ist Rechteck.

$m_{[AC]} \cdot m_{[BD]} = \frac{1}{2} \cdot (-2) = -1 \quad \Leftrightarrow \quad [AC] \perp [BD]$

Ein Rechteck mit orthogonalen Diagonalen ist ein Quadrat.

**67.**    a)   g: y = 2x + 3        T(0 | 3)    $\rightarrow$    T'(−3 | 0)

$\quad\quad\quad g' \perp g: \quad m' = -\frac{1}{2}$

$$\quad\quad\quad\quad\quad y = -\frac{1}{2}x + t$$

$\quad\quad\quad T' \in g' : 0 = -\frac{1}{2} \cdot (-3) + t$

$$\quad\quad\quad\quad\quad\quad t = -1{,}5$$

$\quad\quad\quad g': \quad\quad y = -0{,}5x - 1{,}5$

     b)   g: $y = -\frac{1}{3}x - 2$      T(0 | −2)    $\rightarrow$    T'(2 | 0)

$\quad\quad\quad g' \perp g: \quad m' = -\frac{1}{-\frac{1}{3}} = 3$

$$\quad\quad\quad\quad\quad y = 3x + t$$

$\quad\quad\quad T' \in g': \quad 0 = 3 \cdot 2 + t$

$$\quad\quad\quad\quad\quad\quad t = 6$$

$\quad\quad\quad g': \quad\quad y = 3x - 6$

**68.**    a)   g: y = −x − 2        T(0 | −2)    $\rightarrow$    T'(0 | 2), d. h.: t' = 2

$\quad\quad\quad g' \parallel g: \quad m' = m = -1$

$\quad\quad\quad g': y = -x + 2$

b) $g: y = \frac{1}{2}x + 4$ $\qquad$ $T(0 \mid 4)$ $\quad \rightarrow \quad$ $T'(0 \mid -4)$, d.h.: $t' = -4$

$\quad g' \parallel g: m' = m = \frac{1}{2}$

$\quad g': y = \frac{1}{2}x - 4$

**69.** a) Spiegelung an der Winkelhalbierenden $w_{1,3}$: Umkehrfunktion!

$\quad f: \quad y = -2x - 4$

$\quad f^{-1}: x = -2y - 4$

$\qquad 2y = -x - 4$

$\quad g': \quad y = -\frac{1}{2}x - 2$

b) Spiegelung an $w_{1,3}$: Bildung der Umkehrfunktion.

$\quad f: \quad y = 4x - 1$

$\quad f^{-1}: x = 4y - 1$

$\qquad 4y = x + 1$

$\quad g': \quad y = \frac{1}{4}x + \frac{1}{4}$

**70.** $\quad P: \quad 6 = -2 + t$

$\qquad t = 8$

$\quad g: \quad y = -x + 8$

**71.1** $y = -2x + 3 - 2a \qquad (a \in \mathbb{Q})$

$\quad$ Bed.: $t = 0 \qquad t = 3 - 2a$

$\qquad 3 - 2a = 0$

$\qquad\quad a = 1,5 \qquad \mathbb{L} = \{1,5\}$

**71.2** $P: \quad 5 = -2 \cdot 2 + 3 - 2a$

$\qquad\quad 5 = -1 - 2a$

$\qquad\quad a = -3 \qquad \mathbb{L} = \{-3\}$

**71.3** Bed.: $\quad y = 0$

$\qquad\quad 0 = -2x + 3 - 2a$

$\qquad\quad 2x = 3 - 2a$

$\qquad\qquad x = 1,5 - a \quad \mathbb{L} = \{1,5 - a\}$

$\quad$ NS: $1,5 - a$

**72.1** $g(a): y = 2x + 3(a - 5) \qquad (a \in \mathbb{Q})$

$\quad$ Bed.: $t < 0$

$\quad 3(a - 5) < 0$

$\qquad a - 5 < 0$

$\qquad\quad a < 5 \qquad \mathbb{L} = \{a \mid a < 5\}$

**72.2**  Bed.:   $t > 2$
    $3(a - 5) > 2$
    $3a - 15 > 2$
       $3a > 17$
       $a > 5\frac{2}{3}$     $\mathbb{L} = \{a \mid a > 5\frac{2}{3}\}$

**72.3**  Bed.:  $y = 0$                              $x < 0$
       $0 = 2x + 3(a - 5)$            $-1,5(a - 5) < 0$
       $-2x = 3(a - 5)$                  $a - 5 > 0$
       $x = -1,5(a - 5)$                   $a > 0$
    $S(-1,5(a - 5) \mid 0)$                $\mathbb{L} = \{a \mid a > 5\}$

**73.**  a)  $y = m(x - 2)$              b)  $y = mx - 1$
       $y = mx - 2m$

  c)  $y = m(x + 5) + 1$          d)  $y = m(x - 2) - 3$

**74.**  a)  $B(-1 \mid 3)$                b)  $B(2 \mid -3)$

  c)  $y = m(x + 2) - 1$          d)  $y = m(x - 4)$
      $B(-2 \mid -1)$                  $B(4 \mid 0)$

  e)  $y = m(x - 5) - 6$          f)  $B(0 \mid 5)$
      $B(5 \mid -6)$

**75.**  a)  $y = -x - 6$               b)  $y = -5(x - 1) + 3$
                                        $y = -5x + 8$

**76.**  a)  P:  $2 = m \cdot (-1) - 1 - 2m$    b)  $0 = m \cdot 2 + 4 \cdot m + 3$
          $2 = -3m - 1$                      $0 = 6m + 3$
          $m = -1$                           $m = -\frac{1}{2}$
      g:  $y = -x - 1 - 2 \cdot (-1)$
          $y = -x + 1$                   g:  $y = -\frac{1}{2}x + 4 \cdot \left(-\frac{1}{2}\right) + 3$

                                            $y = -\frac{1}{2}x + 1$

**77.1**  $m_h = \dfrac{0 + 4}{3 + 1} = 1$     $g_1 \parallel h$   $\Leftrightarrow$   $m_{g_1} = m_h = 1$

       $g_1$:  $y = 1 \cdot x + 5 - 1$
            $y = x + 4$

**77.2**  $g_2 \perp h \quad \Leftrightarrow \quad m_2 = -\frac{1}{1} = -1$

$g_2: y = -1 \cdot x + 5 - (-1)$

$\quad\;\; y = -x + 6$

**78.**  P:  $5 = m \cdot 2 - 3m + 5 + m$

$\quad\;\; 5 = 5$  (w) für alle m!

Für jedes $m \in \mathbb{Q}$ entsteht eine wahre Aussage. Der Punkt P liegt auf allen Geraden von g(m), d. h. P ist der Büschelpunkt.

**79.1**  $y = (a + 1)x - 4(a + 1) + 5$        $(a \in \mathbb{Q})$

$\quad\; y = (a + 1)(x - 4) + 5$        Gleichungstyp eines Geradenbüschels.

$\quad\; m = a + 1 \quad t = -4(a + 1) + 5$        B(4 I 5)

**79.2**  Bed.: $y = 0$

$-4(a + 1) + 5 = 0$

$-4a - 4 + 5 = 0$

$a = 0{,}25 \quad \mathbb{L} = \{0{,}25\}$

**79.3**  Bed.: $t < 0$

$-4(a + 1) + 5 < 0$

$-4a < -1$

$a > 0{,}25 \quad \mathbb{L} = \{a \mid a > 0{,}25\}$

**79.4**  Die Gerade muss parallel zur x-Achse durch B verlaufen.

Bed.: $t = 0$

$-4(a + 1) + 5 = 0$

$-4(a + 1) = 0$

$a = -1 \quad \mathbb{L} = \{-1\}$

**79.5**  Berechnung von S(x I 0)

$y = 0: \; 0 = (a + 1)(x - 4) + 5$

$(a + 1)(x - 4) = -5$

$x - 4 = \dfrac{-5}{a + 1} \qquad (a \neq -1)$

$x = \dfrac{-5}{a + 1} + 4 \qquad S\left(\dfrac{-5}{a + 1} + 4 \mid 0\right)$

NS: 2, d. h.:  $\dfrac{-5}{a + 1} + 4 = 2$

$\dfrac{-5}{a + 1} = -2$

$5 = 2(a + 1)$

$5 = 2a + 2$

$a = 1{,}5 \qquad\qquad \mathbb{L} = \{1{,}5\}$

**79.6** Bed.: $x < 0$

$$\frac{-5}{a+1} + 4 < 0$$

$$\frac{-5 + 4(a+1)}{a+1} < 0$$

$$\frac{4a-1}{a+1} < 0$$

| | | |
|---|---|---|
| $(4a - 1 > 0 \quad \wedge \; a + 1 < 0)$ | $\vee$ | $(4a - 1 < 0 \quad \vee \; a + 1 > 0)$ |
| $(4a > 1 \quad \wedge \quad a < -1)$ | $\vee$ | $(4a < 1 \quad \vee \quad a > -1)$ |
| $(a > 0{,}25 \wedge \quad a < -1)$ | $\vee$ | $(a < 0{,}25 \vee \quad a > -1)$ |

$\mathbb{L}_1 = \varnothing$ $\qquad\qquad\qquad\qquad$ $\mathbb{L}_2 = \;]{-1}; 0{,}25[$

$\mathbb{L} = \;]{-1}; 0{,}25[$

**80.** a) $y = 0{,}5(x - 2) - 4$
$\quad\;\; y = 0{,}5x - 5$

b) $y = -3(x - 0) + 5$
$\quad\; y = -3x + 5$

c) $y = -1(x - 6) - 3$
$\quad\;\; y = -x + 3$

d) $y = 2{,}5(x - 1) - 5$
$\quad\; y = 2{,}5x - 7{,}5$

**81.** a) $m = \frac{1}{2}$

$\quad\;\; y = \frac{1}{2}(x - 0) + 0$

$\quad\;\; g\text{:}\; y = \frac{1}{2}x$

b) $m = \frac{3-3}{-2-4} = 0$

$\quad\; y = -0 \cdot (x - 4) + 3$

$\quad\; g\text{:}\; y = 3$

c) A als Büschelpunkt:
$\quad\;\; 1 = m_0(5 + 2) + 8$
$\quad\;\; 1 = 7m_0 + 8$
$\quad\;\; m_0 = -1$
$\quad\;\; y = -(x + 2) + 8$
$\quad\;\; g\text{:}\; y = x + 6$

d) B als Büschelpunkt:
$\quad\; -4 = m_0(0 - 0) + 5$
$\quad\; 9m_0 = -9$
$\quad\; m_0 = -1$
$\quad\; g\text{:}\; y = -x + 5$

**82.1** $g(m)\text{:}\; y = m(x - 5) + 5$
$\quad\;\; A \in AC\text{:}\; 1 = m(-2 - 5) + 5$
$\qquad\qquad\qquad 1 = -7m + 5$
$\qquad\qquad\qquad m = \frac{4}{7}$

$\quad\;\; B \in DC\text{:}\; 1{,}5 = m(7 - 5) + 5$
$\qquad\qquad\qquad 1{,}5 = 2m + 5$
$\qquad\qquad\qquad m = -1{,}75$

$\quad\;\; AC\text{:}\; y = \frac{4}{7}(x - 5) + 5$

$\qquad\quad\; y = \frac{4}{7}x + \frac{15}{7}$

$\quad\;\; BC\text{:}\; y = -1{,}75(x - 5) + 5$
$\qquad\qquad\; y = -1{,}75x + 13{,}75$

**82.2** $m_{[AC]} \cdot m_{[BC]} = \frac{4}{7} \cdot (-1,75) = -1$ $\quad \Leftrightarrow \quad$ $[AC] \perp [BC],\ \gamma = 90°$

**82.3** Der Mittelpunkt des Umkreises eines rechtwinkligen Dreiecks ist der Mittelpunkt der Hypothenuse (Thaleskreis).

$\overrightarrow{AM} = \overrightarrow{MB}$ $\qquad M(x \mid y)$

$\begin{pmatrix} x+2 \\ y-1 \end{pmatrix} = \begin{pmatrix} 7-x \\ 1,5-y \end{pmatrix}$ $\qquad \begin{array}{ccc} x+2=7-x & \wedge & y-1=1,5-y \\ 2x=3 & \wedge & 2y=2,5 \\ x=1,5 & \wedge & y=1,25 \end{array}$

$M(1,5 \mid 1,25)$

**82.4** $m_{[AB]} = \dfrac{1,5-1}{7+2} = \dfrac{1}{18}$ $\qquad m_h = -18$

$g(m):\ y = m(x-5) - 5$
$\qquad\quad y = -18(x-5) - 5$
$h:\ y = -18x + 85$

**83.** a) $y = 1,5x - 4$ $\qquad\qquad$ b) $y = -0,8x - 0,2$

$\quad$ c) $y = 0,2x + 0,4$ $\qquad\qquad$ d) $y = \frac{2}{7}x - 2$

**84.** a) $3x - 4y + 4 = 0$ $\qquad\qquad$ b) $16x + 20y - 15 = 0$

**85.** a) $x - 3y + 4 = 0$ $\quad \Leftrightarrow \quad y = \frac{1}{3}x + 1\frac{1}{3}$ $\quad g_1 = g_2$

$\quad$ b) $-4x + 5y + 15 = 0$ $\quad \Leftrightarrow \quad y = 0,8x - 3$ $\quad g_1 = g_2$

**86.** a) $S(4 \mid 0),\ T(0 \mid -2\frac{2}{3})$ $\qquad$ b) $S(6 \mid 0),\ T(0 \mid -3)$

$\quad$ c) $S(-10 \mid 0),\ T(0 \mid -3)$ $\qquad$ d) $S(2 \mid 0),\ T(0 \mid -3,5)$

**87.** a) $f^{-1}:\ 2y - 7x + 1 = 0$ $\quad \Leftrightarrow \quad -7x + 2y + 1 = 0$

$\quad$ b) $f^{-1}:\ 0,5y + 4x + 8 = 0$ $\quad \Leftrightarrow \quad 8x + y + 16 = 0$

**88.1** $g_1:\ -3,5x + 2y - 7 = 0$ $\quad \Leftrightarrow \quad y = 1,75x + 3,5$
$\qquad m_2 = m_1 = 1,75$
$\qquad\quad y = 1,75(x-4) + 2$
$\qquad g_2:\ y = 1,75x - 5$

**88.2**   $m_3 = -\dfrac{1}{1{,}75} = -\dfrac{4}{9}$

$g_3$: $y = -\dfrac{4}{9}(x-4)+2$          Punkt-Steigungs-Form

$\phantom{g_3:}$ $y = -\dfrac{4}{9}x + 3\dfrac{7}{9}$          Normalform

$4x + 9y - 34 = 0$          allgemeine Form

**89.**   a)

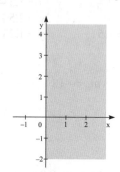

b)

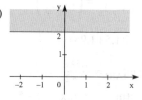

c)

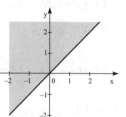

d)

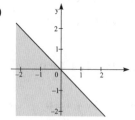

**90.**   a)

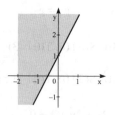

b)

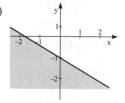

c)

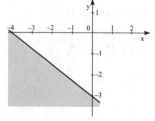

d)

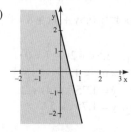

**91.**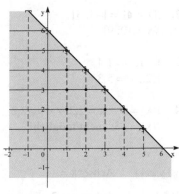

**92.**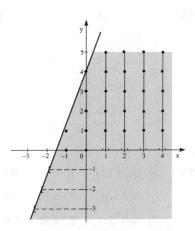

**93.** a) 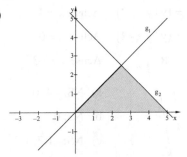  b)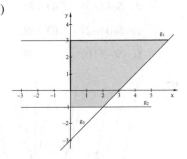

**94.** a) 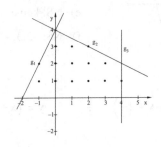  b)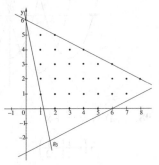

**95.1**

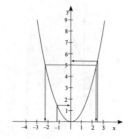

**95.2.** $\mathbb{D} = \mathbb{G} = [-3; 3]$
$W = [0; 9]$

**95.3** $f(-1,2) = 1,4$
$f(2,3) = 5,3$

**95.4** $f(x) = 5$:  $x = 2,2 \lor x = -2,2$
$f(x) = -3$: nicht möglich

**96.** a) $S(-1 \mid 1)$    $\mathbb{D} = \mathbb{R}$    $W = \{y \mid y \geq 1\}$    Achse: $x = -1$

b) $S(2 \mid 0)$    $\mathbb{D} = \mathbb{R}$    $W = \mathbb{R}_0^+$    Achse: $x = 2$

c) $S(0 \mid 5)$    $\mathbb{D} = \mathbb{R}$    $W = \{y \mid y \geq 5\}$    Achse: $x = 0$

d) $S(4 \mid -3)$    $\mathbb{D} = \mathbb{R}$    $W = \{y \mid y \geq -3\}$    Achse: $x = 4$

e) $S(0 \mid -2)$    $\mathbb{D} = \mathbb{R}$    $W = \{y \mid y \geq -2\}$    Achse: $x = 0$

f) $S(-3 \mid 0)$    $\mathbb{D} = \mathbb{R}$    $W = \mathbb{R}_0^+$    Achse: $x = -3$

**97.**

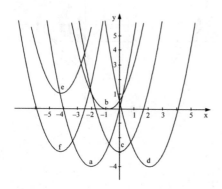

a) NS: $-4$; $0$

b) NS: $0$

c) NS: $-1,7$; $1,7$

d) NS: $0,3$; $3,7$

e) NS: keine

f) NS: $-2,3$; $-5,7$

**98.** a) $y = x^2 + x$        $y = x^2 + x + \left(\frac{1}{2}\right)^2 - \frac{1}{2}$        $y = \left(x + \frac{1}{2}\right)^2 - \frac{1}{2}$

$S\left(-\frac{1}{2} \middle| -\frac{1}{2}\right)$

b) $y = x^2 - 3x$        $y = x^2 - 3x + \left(\frac{3}{2}\right)^2 - \frac{9}{4}$        $y = \left(x - \frac{3}{2}\right)^2 - \frac{9}{4}$

$S\left(\frac{3}{2} \middle| -\frac{9}{4}\right)$

c)  $y = x^2 + 5x + 2$    $y = x^2 + 5x + \left(\frac{5}{2}\right)^2 - \frac{25}{4} + 2$   $y = \left(x + \frac{5}{2}\right)^2 - \frac{17}{4}$

$S\left(-\frac{5}{2} \middle| -\frac{17}{4}\right)$

d)  $y = x^2 - 6x + 9$    $y = (x - 3)^2$
$S(3 \mid 0)$

e)  $y = x^2 - 7x$    $y = x^2 - 7x + \left(\frac{7}{2}\right)^2 - \frac{49}{4}$    $y = \left(x - \frac{7}{2}\right)^2 - \frac{49}{4}$

$S(-3,5 \mid -12,25)$

**99.**  a)

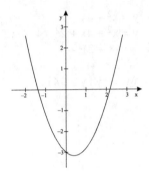

$y = x^2 - 0,8x - 3$
$y = x^2 - 0,8x + 0,4x^2 - 0,16 - 3$
$y = (x - 0,4)^2 - 3,16$
$S(0,4 \mid -3,16)$
$W = \{y \mid y \geq -3,16\}$

b)

$y = x^2 - 6x + 2$
$y = x^2 - 6x + 3^2 - 9 + 2$
$y = (x - 3)^2 - 7$
$S(3 \mid -7)$
$W = \{y \mid y \geq -7\}$

c)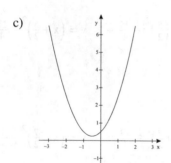

$y = x^2 - x + 0,5$

$y = x^2 - x + \left(\frac{1}{2}\right)^2 - 0,25 + 0,5$

$y = (x - 0,5)^2 + 0,25$

$S(0,5 \mid 0,25)$

$W = \{y \mid y \geq 0,25\}$

d)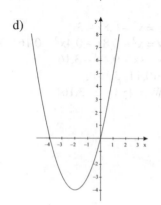

$y = x^2 + 4x$

$y = x^2 + 4x + 2^2 - 4$

$y = (x + 2)^2 - 4$

$S(-2 \mid -4)$

$W = \{y \mid y \geq -4\}$

**100.**  a)  $y = x^2 + 8x + 9$
      $y = x^2 + 8x + 4^2 - 16 + 9$
      $y = (x + 4)^2 - 7$
      $S(-4 \mid -7)$
      Achse: $x = -4$

b)  $y = x^2 + 10x$
   $y = x^2 + 10x + 5^2 - 25$
   $y = (x + 5)^2 - 25$
   $S(-5 \mid -25)$
   Achse: $x = -5$

c)  $y = x^2 - 15x - 19$
   $y = x^2 - 15x + 7,5^2 - 56,25 - 19$
   $y = (x - 7,5)^2 - 75,25$
   $S(7,5 \mid -75,25)$
   Achse: $x = 7,5$

d)  $y = x^2 + 0,5x + 7,5$
   $y = x^2 + 0,5x + 0,25^2 - 0,0625 + 7,5$
   $y = (x + 0,25)^2 + 7,4375$
   $S(-0,25 \mid 7,4375)$
   Achse: $x = -0,25$

**101.**  a)  $y = x^2 - 4x + 8$
      $y = x^2 - 4x + 2^2 - 4 + 8$
      $y = (x - 2)^2 + 4$
      $S(2 \mid 4)$

$p':\quad y = (x - 2)^2 + y_s$

$P \in p': 1 = (0 - 2)^2 + y_s$

$\qquad\quad y_s = -3$

$p':\quad y = (x - 2)^2 - 3$

b) $y = x^2 - 2x - 1$

$y = x^2 - 2x + 1^2 - 1 - 1$

$y = (x - 1)^2 - 2$

$S(1 \mid -2)$

$p'$:     $y = (x - 1)^2 + y_s$

$P \in p'$: $5 = (1 - 1)^2 + y_s$

$y_s = 5$

$p'$:     $y = (x - 1)^2 + 5$

**102.** a) $x_s = -1$

  $p$:     $y = (x + 1)^2 + y_s$

  $P \in p$: $-1 = (2 + 1)^2 + y_s$

  $y_s = -10$

  $p$:     $y = (x + 1)^2 - 10$

b) $x_s = 2$

  $p$:     $y = (x - 2)^2 + y_s$

  $P \in p$: $5 = (-2 - 2)^2 + y_s$

  $y_s = -11$

  $p$:     $y = (x - 2)^2 - 11$

**103.** a) $y_s = 2$

  $p$:     $y = (x - x_s)^2 + 2$

  $P \in p$: $3 = (5 - x_s)^2 + 2$

  $(5 - x_s)^2 = 1$

  $5 - x_s = 1 \vee 5 - x_s = -1$

  $x_s = 4 \quad \vee$

  $x_s = 6$

  2 Lösungen:

  $p_1$: $y = (x - 4)^2 + 2$

  $y = x^2 - 8x + 18$

  $p_2$: $y = (x - 6)^2 + 2$

  $y = x^2 - 12x + 38$

b) $y_s = -5$

  $p$:     $y = (x - x_s)^2 - 5$

  $P \in p$: $4 = (1 - x_s)^2 - 5$

  $(1 - x_s)^2 = 9$

  $1 - x_s = 3 \vee$

  $1 - x_s = -3$

  $x_s = -2 \vee$

  $x_s = 4$

  2 Lösungen:

  $p_1$: $y = (x + 2)^2 - 5$

  $y = x^2 + 4x - 1$

  $p_2$: $y = (x - 4)^2 - 5$

  $y = x^2 - 8x + 11$

**104.** a) $A \in p$:     $8 = 0^2 + b \cdot 0 + c$

  I             $c = 8$

  $B \in p$:     $10 = 2^2 + b \cdot 2 + c$

  II         $2b + c = 6$

  I in II     $2b + 8 = 6$

  $b = -1$

  $p$:         $y = x^2 - x + 8$

b) $A \in p$:        $0 = 0^2 + b \cdot 0 + c$

  I                $c = 0$

  $B \in p$:      $-4 = (-4)^2 + b \cdot (-4) + c$

  II         $-4b + c = -20$

  I in II     $-4b = -20$

                $b = 5$

  p:            $y = x^2 + 5x$

c) $A \in p$:       $9 = 1^2 + b \cdot 1 + c$

  I            $b + c = 8$

  $B \in p$:     $7{,}5 = 2^2 + b \cdot 2 + c$

  II        $2b + c = 3{,}5$

  I         $-b - c = -8$

  I + II      $b = -4{,}5$

          $-4{,}5 + c = 8$

  aus I       $c = 12{,}5$

  p:          $y = x^2 - 4{,}5x + 12{,}5$

d) $A \in p$:     $8 = (-1)^2 + b \cdot (-1) + c$

  I        $-b + c = 7$

  $B \in p$:    $-18 = 3^2 + b \cdot 3 + c$

  II      $3b + c = -27$

       $-3b - c = 27$

  I + II    $-4b = 34$

        $b = -8{,}5$

  aus I   $8{,}5 + c = 7$

        $c = -1{,}5$

  p:      $y = x^2 - 8{,}5x - 1{,}5$

**105.** a) Normalparabel durch A und B:

  $A \in p$:      $2 = 1^2 + b \cdot 1 + c$

  I        $b + c = 1$

  $B \in p$:    $17 = (-2)^2 + b \cdot (-2) + c$

  II     $-2b + c = 13$

  II     $2b - c = -13$

  I + II   $3b = -12$

       $b = -4$

  aus I   $-4 + c = 1$

       $c = 5$

p:              $y = x^2 - 4x + 5$

C in p:         $5 = 4^2 - 4 \cdot 4 + 5$

                $5 = 5$          (w)

C $\in$ p

b) Normalparabel durch A und B:

A $\in$ p:      $12 = 2^2 + b \cdot 2 + c$

I               $2b + c = 8$

B $\in$ p:      $-9 = (-1)^2 + b \cdot (-1) + c$

II              $b + c = -10$

                $b - c = 10$

I + II          $3b = 18$

                $b = 6$

aus II          $-6 + c = -10$

                $c = -4$

p:              $y = x^2 + 6x - 4$

C in p:         $22 = 3^2 + 6 \cdot 3 - 4$

                $22 = 23$          (f)

C $\notin$ p

**106.**

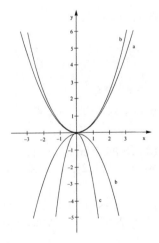

a)  $y = \frac{1}{2}x^2$

b)  $y = -\frac{3}{4}x^2$

c)  $y = -3x^2$

d)  $y = 0{,}6x^2$

**107.**  a)  S(1 | 2), a = -1   p: Normalparabel, nach unten geöffnet

$\mathbb{D} = \mathbb{R}$,    W = {y | y $\leq$ 2}, Achse: x = 1

b)

| x | –1 | 0 | 1 | 2 | 3 | 4 | 5 | 6 | 7 |
|---|----|----|----|----|----|----|----|----|----|
| y | 8 | 4,5 | 2 | 0,5 | 0 | 0,5 | 2 | 4,5 | 8 |

$\mathbb{D} = \mathbb{R}$,   $\mathbb{W} = \{y \mid y \geq 0\} = \mathbb{R}_0^+$, Achse: $x = 3$

c)

| x | –2,5 | –2 | –1,5 | –1 | –0,5 | 0 | 0,5 | 1 | 1,5 | 2 | 2,5 |
|---|------|----|------|----|------|---|-----|---|-----|---|-----|
| y | –4,5 | 0 | 3,5 | 6 | 7,5 | 8 | 7,5 | 6 | 3,5 | 0 | –4,5 |

$\mathbb{D} = \mathbb{R}$,   $\mathbb{W} = \{y \mid y \leq 8\}$, Achse: $x = 0$

d) $S(3 \mid 6)$, $a = -1$   p: Normalparabel, nach unten geöffnet
   $\mathbb{D} = \mathbb{R}$,   $\mathbb{W} = \{y \mid y \leq 6\}$, Achse: $x = 3$

**108.** a) Die Parabel ist nach oben geöffnet und gestreckt.
   $\mathbb{D} = \mathbb{R}$   $\mathbb{W} = \{y \mid y \geq 1\}$

b) Die Parabel ist nach unten geöffnet und gestreckt.
   $\mathbb{D} = \mathbb{R}$,   $\mathbb{W} = \{y \mid y \leq 5\}$

c) Die Parabel ist nach unten geöffnet und gestaucht.
   $\mathbb{D} = \mathbb{R}$,   $\mathbb{W} = \{y \mid y \leq 0\} = \mathbb{R}_0^-$

d) Die Parabel ist nach oben geöffnet und gestreckt.
   $\mathbb{D} = \mathbb{R}$,   $\mathbb{W} = \{y \mid y \geq -7\}$

**109.** a) $P \in p$:   $2 = a \cdot (3 - 2)^2 + 1$      $2 = a \cdot 1 + 1$        $a = 1$

b) $P \in p$:   $4 = -3 \cdot (2 - 1)^2 + y_s$      $4 = -3 \cdot 1 + y_s$      $y_s = 7$

c) $P \in p$:   $-6 = a \cdot (-2 + 4)^2 + 2$      $-6 = a \cdot 4 + 2$        $a = -2$

**110.** a) $S(1 \mid 1)$   $\xmapsto{\binom{-4}{1}}$   $S'(-3 \mid 2)$   (durch Pfeilvergleich: $\overrightarrow{SS'} = \vec{v}$ )
   $p': y = 2(x + 3)^2 + 2$   $\mathbb{D} = \mathbb{R}$,      $\mathbb{W} = \{y \mid y \geq 2\}$,   Achse: $x = -3$

b) $S(-3,5 \mid -4,5)$   $\xmapsto{\binom{1,5}{4,5}}$   $S'(2 \mid 0)$   ( $\overrightarrow{SS'} = \vec{v}$ )
   $y': y = -2,5(x + 2)^2$   $\mathbb{D} = \mathbb{R}$,      $\mathbb{W} = \mathbb{R}_0^-$,      Achse: $x = -2$

**111.** a) $p: y = -x^2 + bx + c$
   $A \in p$: I        $5 = -(-2)^2 + b \cdot (-2) + c$
                  $-2b + c = 9$
   $B \in p$: II        $-3 = -2^2 + b \cdot 2 + c$
                  $2b + c = 1$

$$\text{I + II} \qquad 2c = 10$$
$$c = 5$$
$$\text{aus II} \qquad 2b + 5 = 1$$
$$b = -2$$
$$\text{p:} \qquad y = -x^2 - 2x + 5$$
$$y = -[x^2 + 2x + 1^2 - 1 - 5]$$
$$y = -[(x + 1)^2 - 6]$$
$$y = -(x + 1)^2 + 6$$
$$S(-1 \mid 6)$$

b)  p: $y = -x^2 + bx + c$
   $A \in p$: I $\qquad 4 = -0^2 + b \cdot 0 + c$
$$c = 4$$
   $B \in p$: $\qquad 0 = -4^2 + b \cdot 4 + c$
   II $\qquad 4b + c = 16$
   I in II $\qquad 4b + 4 = 16$
$$b = 3$$
   p: $\qquad y = -x^2 + 3x + 4$
$$y = \left[ x - 3x + \left(\tfrac{3}{2}\right)^2 - \tfrac{9}{4} - 4 \right]$$
$$y = -[(x - 1,5)^2 - 6,25]$$
$$y = -(x - 1,5)^2 + 6,25$$
   $S(1,5 \mid 6,25)$

**112.** a)  $y = -[x^2 - 3x + 1,5^2 - 2,25 + 1,25]$
   $y = -[(x - 1,5)^2 - 1]$
   $y = -(x - 1,5)^2 + 1$
   $S(1,5 \mid 1)$

   b)  $y = -[x^2 + 7x + 3,5^2 - 12,25]$
   $y = -[(x + 3,5)^2 - 12,25]$
   $y = -(x + 3,5)^2 + 12,25$
   $S(-3,5 \mid 12,25)$

   c)  $y = 2 \cdot [x^2 + 2x + 1^2 - 1 + 3]$
   $y = 2 \cdot [(x + 1)^2 + 2]$
   $y = 2(x + 1)^2 + 4$
   $S(-1 \mid 4)$

   d)  $y = -2 \cdot [x^2 + 8x + 4^2 - 16 + 12,5]$
   $y = -2 \cdot [(x + 4)^2 - 3,5]$
   $y = -2(x + 4)^2 + 7$
   $S(-4 \mid 7)$

   e)  $S(0 \mid 4)$

   f)  $y = \tfrac{1}{2} \cdot [x^2 - 6x + 3^2 - 9 + 3]$
$$y = \tfrac{1}{2} \cdot [(x - 3)^2 - 6]$$
$$y = \tfrac{1}{2} \cdot (x - 3)^2 - 3$$
   $S(3 \mid -3)$

**113.** a)

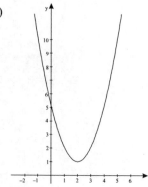

b)

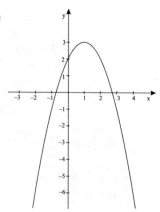

c)

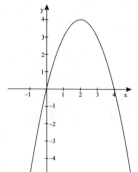

d)

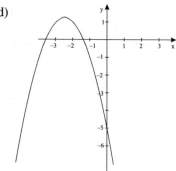

**114.** a)

| x | −1 | 0 | 1 | 2 | 3 |
|---|----|----|----|----|----|
| y | −2 | 4 | 6 | 4 | −2 |

b)

| x | −5 | −4 | −3 | −2 | −1 | 0 | 1 |
|---|-----|-----|-------|-----|-------|----|------|
| y | 4,75 | 1 | −1,25 | −2 | −1,25 | 1 | 4,75 |

c)

| x | −2 | −1 | 0 | 1 | 2 | 3 | 4 | 5 | 6 |
|---|------|----|------|------|----|------|------|----|------|
| y | −0,33 | 2 | 3,67 | 4,67 | 5 | 4,67 | 3,67 | 2 | −0,33 |

d)

| x | −4 | −3 | −2 | −1 | 0 | 1 |
|---|----|-----|-----|----|----|----|
| y | −5 | −13 | −13 | −5 | −5 | 11 |

**115.** a) $y = -x^2 + bx + c$

P $\in$ p: I $\quad\quad -3 = (-1)^2 + b \cdot (-1) + c$

$\quad\quad\quad\quad\quad -b + c = -2$

Q $\in$ p: I $\quad\quad 11 = -1^2 + b \cdot 1 + c$

$\quad\quad\quad\quad\quad b + c = 12$

I + II $\quad\quad\quad 2c = 10$

$\quad\quad\quad\quad\quad c = 5$

aus II $\quad\quad b + 5 = 12$

$\quad\quad\quad\quad\quad b = 7$

p: $\quad\quad\quad\quad y = -x^2 + 7x + 5$

b) $y = -3x^2 + bx + c$

P $\in$ p: I $\quad\quad -8 = -3 \cdot (-2)^2 + b \cdot (-2) + c$

$\quad\quad\quad\quad\quad -2b + c = 4$

Q $\in$ p: II $\quad\quad 0 = -3 \cdot 2^2 + b \cdot 2 + c$

$\quad\quad\quad\quad\quad 2b + c = 12$

I + II $\quad\quad\quad 2c = 16$

$\quad\quad\quad\quad\quad c = 8$

aus II $\quad\quad 2b + 8 = 12$

$\quad\quad\quad\quad\quad b = 2$

p: $\quad\quad\quad\quad y = -3x^2 + 2x + 8$

c) $y = \frac{1}{2} x^2 + bx + c$

P $\in$ p: I $\quad\quad 6 = \frac{1}{2} \cdot (-2)^2 + b \cdot (-2) + c$

$\quad\quad\quad\quad\quad -2b + c = 4$

Q $\in$ p: II $\quad\quad 4 = \frac{1}{2} \cdot 0 + b \cdot 0 + c$

$\quad\quad\quad\quad\quad c = 4$

II in I $\quad\quad -2b + 4 = 4$

$\quad\quad\quad\quad\quad b = 0$

p: $\quad\quad\quad\quad y = \frac{1}{2} x^2 + 4$

d) $y = -0{,}25x^2 + bx + c$

P $\in$ p: I $\quad\quad\quad -1 = -0{,}25 \cdot 2^2 + b \cdot 2 + c$

$\quad\quad\quad\quad\quad 2b + c = 0$

Q $\in$ p: $\quad\quad 0{,}75 = -0{,}25 \cdot 6(-3)^2 + b \cdot (-3) + c$

II $\quad\quad\quad\quad -3b + c = 3$

$\quad\quad\quad\quad\quad 3b - c = -3$

$$\begin{array}{ll}
\text{I + II} & 5b = -3 \\
& b = -0,6 \\
\text{aus I} & 2 \cdot (-0,6) + c = 0 \\
& c = 1,2 \\
\text{p:} & y = -0,25x^2 - 0,6x + 1,2
\end{array}$$

**116.** a) $y = ax^2 + 12x + c$

$$\begin{array}{ll}
\text{A} \in \text{p: I} & -7 = a \cdot 3^2 + 12 \cdot 3 + c \\
& 9a + c = -43 \\
\text{B} \in \text{p: II} & -2 = a \cdot 8^2 + 12 \cdot 8 + c \\
& 64a + c = -98 \\
& -64a - c = 98 \\
\text{I + II} & -55a = 55 \\
& a = -1 \\
\text{aus I} & 9 \cdot (-1) + c = -43 \\
& c = -34 \\
\text{p:} & y = x^2 + 12x - 34 \\
& y = -[x^2 - 12x + 6^2 - 36 + 34] \\
& y = -[(x - 6)^2 - 2] \\
& y = -(x - 6)^2 + 2
\end{array}$$

S(6 | 2)

b) $y = ax^2 + bx + 3$

$$\begin{array}{ll}
\text{A} \in \text{p: I} & 4,5 = a \cdot (-1)^2 + b \cdot (-1) + 3 \\
& a - b = 1,5 \\
\text{B} \in \text{p: II} & 3 = a \cdot (-4)^2 + b \cdot (-4) + 3 \\
& 16a - 4b = 0 \\
& -4a + b = 0 \\
\text{I + II} & -3a = 1,5 \\
& a = -0,5 \\
\text{aus I} & -0,5 - b = 1,5 \\
& b = -2 \\
\text{p:} & y = -0,5x^2 - 2x + 3 \\
& y = -0,5 \cdot [x^2 + 4x + 2^2 - 4 - 6] \\
& y = -0,5 \cdot [(x + 2)^2 - 10] \\
& y = -0,5(x + 2)^2 + 5
\end{array}$$

S(−2 | 5)

**117.** a) $y = -3 \cdot \left[x^2 - 2x + 1^2 - 1 + \frac{2}{3}\right]$

b) $y = \frac{2}{3} \cdot [x^2 + 6x + 3^2 - 9 + 9]$

a) $y = -3 \cdot \left[\left[(x-1)^2 - \frac{1}{3}\right]\right]$

b) $y = \frac{2}{3} \cdot (x+3)^2$

a) $y = -3(x-1)^2 + 1$

b) $S(-3 \mid 0)$

a) $S(1 \mid 1)$

b) $\mathbb{D} = \mathbb{R}$      $W = \mathbb{R}_0^+$

a) $\mathbb{D} = \mathbb{R}$      $W = \{y \mid y \leq 1\}$

b) Achse: $x = -3$

a) Achse: $x = 1$

**118.1** p: $y = -(x-2)^2 + 5$

$y = -x^2 + 4x + 1$

**118.2** P eingesetzt: $-4 = -5^2 + 4 \cdot 5 + 1$

$-4 = -4$     (w)

$P \in p$

Q eingesetzt: $-5 = -(-1)^2 + 4 \cdot (-1) + 1$

$-5 = -4$     (f)

$Q \notin p$

**118.3** $\mathbb{D} = \mathbb{R}$      $W = \{y \mid y \leq 5\}$

**119.**

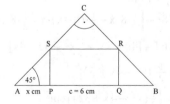

$A = \overline{AB'} \cdot \overline{B'C'}$

$\overline{AB'} = (10 + x)$ cm

$\overline{B'C'} = (10 - x)$ cm

$A = y$ cm$^2$, $\mathbb{D} = [0; 10[$

$y = (10 + x)(10 - x)$

$y = -x^2 + 100$

$A(x) = (-x^2 + 100)$ cm$^2$

$S(0 \mid 100)$, $a = -1$

Für $x = 0$:

$y_{max} = 100$, $A_{max} = 100$ cm$^2$

Quadrat ABCD!!

**120.**

**120.1** $A = \overline{PQ} \cdot \overline{QR}$

$\overline{PQ} = (6 - 2x)$ cm

$\overline{QR} = \overline{AP} = x$ cm, $A = y$ cm$^2$

$A(x) = ((6 - 2x) \cdot x)$ cm$^2$

$y(x) = (6 - 2x) \cdot x$

$y(x) = -2x^2 + 6x$

**120.2**  $y(x) = -2(x^2 - 3x)$

$y(x) = -2(x - 1,5)^2 + 4,5$

$S(1,5 \mid 4,5)$

Für x = 1,5 cm:   $y_{max} = 4,5$, $A_{max} = 4,5$ cm$^2$

Rechtecksseiten:   $\overline{PQ} = (6 - 2 \cdot 1,5)$ cm = 3 cm

$\overline{QR} = x$ cm = 1,5 cm

**121**

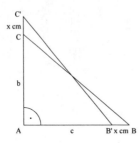

**121.1**  $A_{\triangle AB'C'} = \frac{1}{2} \cdot \overline{AB'} \cdot \overline{AC'}$

$\overline{AB'} = (8 - x)$ cm

$\overline{AC'} = (6 + x)$ cm

$A = y$ cm$^2$, $ID = [0; 8[$

Für die Maßzahlen gilt:

$y = \frac{1}{2} \cdot (8 - x)(6 + x)$

$y(x) = -\frac{1}{2}x^2 + x + 12$

$A(x) = \left(-\frac{1}{2}x^2 + x + 12\right)$ cm$^2$

**121.2**  $y(x) = -\frac{1}{2}x^2 + x + 12$

$y(x) = -\frac{1}{2}[x^2 - 2x + 1^2 - 1 - 24]$

$y(x) = -\frac{1}{2}[(x - 1)^2 - 25]$

$y(x) = -\frac{1}{2}(x - 1)^2 + 12,5$

$S(1 \mid 12,5)$

Für x = 1 cm: $y_{max} = 12,5$;   $A_{max} = 12,5$ cm$^2$

Katheten:   $\overline{AB'} = 7$ cm,   $\overline{AC'} = 7$ cm

**122.**

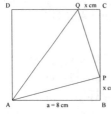

**122.1**  $A_{\triangle APO} = A_{ABCD} - (A_{\triangle ABP} + A_{\triangle PCO} +$

$+ A_{\triangle AQD})$

$A_{\triangle APO} = y$ cm$^2$

$y(x) = 8^2 - \left[\frac{1}{2} \cdot 8 \cdot x + \frac{1}{2} \cdot (8 - x) \cdot x + \frac{1}{2} \cdot 8 \cdot (8 - x)\right]$

$y(x) = 64 - [4x + 4x - \frac{1}{2}x^2 + 32 - 4x]$

$y(x) = \frac{1}{2}(x^2 - 4x + 32)$

$A(x) = \left(\frac{1}{2}(x^2 - 4x + 32)\right)$ cm$^2$

**122.2**  $y(x) = \frac{1}{2}(x^2 - 4x + 2^2 - 4 + 32)$

$y(x) = \frac{1}{2}[(x - 2)^2 + 28]$

$y(x) = \frac{1}{2}(x - 2)^2 + 14$

$S(2 \mid 14)$

Für $x = 2$ cm: $y_{min} = 14$; $A_{min} = 14$ cm$^2$

**123.**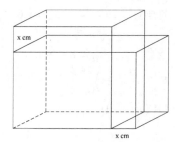

$a = (10 - x)$ cm
$b = 10$ cm
$c = (6 + x)$ cm
$V = y$ cm$^3$

**123.1**  $V = a \cdot b \cdot c$

$y(x) = (10 - x) \cdot 10 \cdot (6 + x)$

$y(x) = -10x^2 + 40x + 600$

$V(x) = (-10x^2 + 40x + 600)$ cm$^3$

**123.2**  $y(x) = -10(x^2 - 4x - 60)$

$y(x) = -10[x^2 - 4x + 2^2 - 4 - 60]$

$y(x) = -10[(x - 2)^2 - 64]$

$y(x) = -10(x - 2)^2 + 640$

$S(2 \mid 640)$

Für $x = 2$ cm: $y_{max} = 640$, $V_{max} = 640$ cm$^3$

**123.3**  $O = 2 \cdot (ab + ac + bc)$        $O = z$ cm$^2$

$z(x) = 2 \cdot [(10 - x) \cdot 10 + (10 - x) \cdot (6 + x) + 10 \cdot (6 + x)]$

$z(x) = 2 \cdot [-x^2 + 4x + 220]$

$z(x) = -2x^2 + 8x + 440$

$O(x) = (-2x^2 + 8x + 440)$ cm$^2$

**123.4**  $z(x) = -2(x^2 - 4x + 2^2 - 4 - 220)$

$z(x) = -2[(x - 2)^2 - 224]$

$z(x) = -2(x - 2)^2 + 448$

$S(2 \mid 448)$

Für $x = 2$:   $z_{max} = 448$, $O_{max} = 448$ cm$^2$

Für $x = 2$ existiert $V_{max}$ und $O_{max}$.

**124.**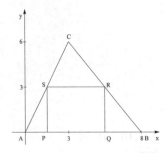

**124.1** $P(a \mid 0)$

$g_1 = AC$: $y = 2x$

$x_S = x_p = a$

$S \in g_1$: $y_S = 2a$

$S(a \mid 2a)$

$y_R = y_S = 2a$ $\quad R(x_R \mid 2a)$

$g_2 = BC$: $y = -1{,}2x + 9{,}6$

$R \in g_2$: $2a = -1{,}2 \cdot x_R + 9{,}6$

$1{,}2x_R = 9{,}6 - 2a$

$x_R = 8 - \frac{5}{3}a$

$R\left(8 - \frac{5}{3}a \mid 2a\right)$

$Q\left(8 - \frac{5}{3}a \mid 0\right)$

**124.2** $A = \overline{PQ} \cdot \overline{QR}$ $\qquad \overline{PQ} = \overline{AQ} - \overline{AP} = \left(8 - \frac{5}{3}a - a\right) LE = \frac{8}{3}(3 - a) LE$

$\overline{QR} = 2a\ LE$

$A = y\ FE$

$y(a) = \frac{8}{3}(3 - a) \cdot 2a$

$y(a) = \frac{16}{3}(-a^2 + 3a)$

$A(a) = \frac{16}{3}(-a^2 + 3a)\ FE$

**124.3** $y(a) = -\frac{16}{3} \cdot \left[a^2 - 3a + \left(\frac{3}{a}\right)^2 - \frac{9}{4}\right]$

$y(a) = -\frac{16}{3} \cdot \left[\left(a - \frac{3}{2}\right)^2 - \frac{9}{4}\right]$

$y(a) = -\frac{16}{3} \cdot \left(a - \frac{3}{2}\right)^2 + 12$

$S(1{,}5 \mid 12)$

Für $a = 1{,}5$: $y_{max} = 12$; $A_{max} = 12\ Fe$

**124.4** $a = 1{,}5$: $P(1{,}5 \mid 0)$, $Q(5{,}5 \mid 0)$, $R(5{,}5 \mid 3)$, $S(1{,}5 \mid 3)$

**125.1** $A(x \mid -x^2 - 6x - 8)$, $B(x \mid x^2 - 10x + 27)$

**125.2** $\overline{AB} = ((x^2 - 10x + 27) - (-x^2 - 6x - 8))$ LE
$\overline{AB} = (2x^2 - 4x + 35)$ LE $\qquad \overline{AB} = y$ LE
$y(x) = 2[x^2 - 2x + 1^2 - 1 + 17{,}5]$
$y(x) = 2[(x - 1)^2 + 16{,}5]$
$y(x) = 2(x - 1)^2 + 33$
$S(1 \mid 33)$
Für $x = 1$: $y_{min} = 33$, $\overline{AB}_{min} = 33$ LE
$A(1 \mid -15)$, $B(1 \mid 18)$

**126.1**

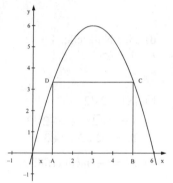

$u = (\overline{AB} + \overline{BC}) \cdot 2$ LE
$A(x \mid 0)$
$B(6 - x \mid 0)$
$C\left(6 - x \mid -\frac{2}{3}x^2 + 4x\right)$
$D\left(x \mid -\frac{2}{3}x^2 + 4x\right)$
$\overline{AB} = (6 - 2x)$ LE
$\overline{BC} = \left(-\frac{2}{3}x^2 + 4x\right)$ LE
$u(x) = \left(6 - 2x - \frac{2}{3}x^2 + 4x\right) \cdot 2$ LE
$u(x) = \left(-\frac{4}{3}x^2 + 4x + 12\right)$ LE

**126.2** $u(x) = y$ LE
$y(x) = -\frac{4}{3}\left[x^2 - 3x + \left(\frac{3}{2}\right)^2 - \frac{9}{4} - 9\right]$
$y(x) = -\frac{4}{3} \cdot \left[(x - 1{,}5)^2 - \frac{45}{4}\right]$
$y(x) = -\frac{4}{3}(x - 1{,}5)^2 + 15$
$S(1{,}5 \mid 15)$
Für $= 1{,}5$ $\qquad y_{max} = 15$; $u_{max} = 15$ LE

**126.3** $A(1{,}5 \mid 0)$, $B(4{,}5 \mid 0)$, $C(4{,}5 \mid 4{,}5)$, $D(1{,}5 \mid 4{,}5)$

**127.** a) NS: 2; –2 $\qquad\qquad$ b) NS: 4
c) keine Nullstellen $\qquad\qquad$ d) NS: 0,41; –2,42

**128.**  a)  $a = -1$, $S(-2,5 \mid 2,25)$          b)  $a = 1$; $S(7 \mid 0)$
        NS: $-1$; $-4$                          NS: 7

c)

| x | –3 | –2 | –1 | 0 | 1 | 2 |
|---|----|----|----|---|---|----|
| y | 9  | 2  | –1 | 0 | 5 | 14 |

d)

| x | –4 | –3 | –2 | –1 | 0 | 1 | 2 | 3 |
|---|----|----|----|----|---|---|---|---|
| y | 5  | 2  | 0  | 0  | –1| 0 | 2 | 5 |

**129.**  a)  2 Nullstellen                      b)  keine Nullstellen
        p: $y = (x + 2)^2 - 3$
        NS: $\sqrt{3} - 2$; $-\sqrt{3} - 2$

c)  2 Nullstellen                      d)  eine Nullstelle: 4
    p: $y = x^2 - 2$    NS: $\sqrt{2}$ ; $-\sqrt{2}$        $\mathbb{L} = \varnothing$

**130.**  a)  $|x| = 3$                          b)  $|x| = 2\sqrt{2}$
        $x = 3 \vee x = -3$                      $x = 2\sqrt{2} \vee x = -2\sqrt{2}$
        $\mathbb{L} = \{-5; 5\}$                  $\mathbb{L} = (-2\sqrt{3} ; 2\sqrt{3})$

c)  $|x| = 25$                          d)  $x^2 = -\frac{1}{4}$  nicht erfüllbar
    $x = 5 \vee x = -5$
    $\mathbb{L} = \{-5; 5\}$                      $\mathbb{L} = \varnothing$

**131.**  a)  $4x^2 - 20 + 4x = 4x - x^2$          b)  $x^2 - 2x + 1 + x^2 + 2x = 1$
                    $5x^2 = +20$                              $2x^2 = 0$
                     $x^2 = +4$                                $x = 0$
                     $|x| = 2$                                $|x| = 0$
                        $x = 2 \vee x = -2$        $\mathbb{L} = \{0\}$
        $\mathbb{L} = \{-2: 2\}$

c)  $x^2 + 2x + 1 + x^2 - 2x + 1 + x^2 - 1 = 0$
    $x^2 + 2x + 1 + x^2 - 2x + 1 + x^2 - 1 = 0$
                        $3x^2 = -1$
                         $x^2 = -\frac{1}{3}$
        $\mathbb{L} = \varnothing$

**132.** a) $x(x + 5) = 0$
$x = 0 \vee x = -5$
$\mathbb{L} = \{0; -5\}$

b) $x(x - 7) = 0$
$x = 0 \vee x = 7$
$\mathbb{L} = \{0; 7\}$

c) $x(2x - 8) = 0$
$x = 0 \vee 2x - 8 = 0$
$x = 0 \vee x = 4$
$\mathbb{L} = \{0, 4\}$

d) $x\left(-\frac{1}{3}x - 1\right) = 0$
$x = 0 \vee -\frac{1}{3}x - 1 = 0$
$x = 0 \vee x = -3$
$\mathbb{L} = \{0; -3\}$

**133.** a) $4x^2 + 4x = 0$
$x(x + 1) = 0$
$x = 0 \vee x = -1$
$\mathbb{L} = \{0; -1\}$

b) $5x + 10 = 6x^2 + 10$
$6x^2 - 5x = 0$
$x(6x - 5) = 0$
$x = 0 \vee x = \frac{5}{6}$
$\mathbb{L} = \left\{0; \frac{5}{6}\right\}$

**134.** a) $x^2 - 6xy + 3^2 = -5 + 9$
$(x - 3)^2 = 4$
$|x - 3| = 2$
$x - 2 = 2 \vee x - 3 = -2$
$x = 5 \vee x = 1$
$\mathbb{L} = \{1; 5\}$

b) $(x + 7)^2 = 0$
$|x + 7| = 0$
$x = -7$
$\mathbb{L} = \{-7\}$

c) $x^2 - 2x + 1^2 = 15 + 1$
$(x - 1)^2 = 16$
$|x - 1| = 4$
$x - 1 = 4 \vee x - 1 = -4$
$x = 5 \vee x = -3$
$\mathbb{L} = \{-3; 5\}$

d) $x^2 + 5x + \left(\frac{5}{2}\right)^2 = 14 + \frac{25}{4}$
$\left(x + \frac{5}{2}\right)^2 = \frac{81}{4}$
$\left|x + \frac{5}{2}\right| = \frac{9}{2}$
$x + \frac{5}{2} = \frac{9}{2} \vee x + \frac{5}{2} = -\frac{9}{2}$
$x = 2 \vee x = -7$
$\mathbb{L} = \{-7; 2\}$

e) $x^2 - 8x + 4^2 = 9 + 16$
$(x - 4)^2 = 25$
$|x - 4| = 5$
$x - 4 = 5 \vee x - 4 = -5$
$x = 9 \vee x = -1$
$\mathbb{L} = \{-1; 9\}$

f) $x^2 - 14x + 7^2 = -33 + 49$
$(x - 7)^2 = 16$
$|x - 7| = 4$
$x - 7 = 4 \vee x - 7 = -4$
$x = 11 \vee x = 3$
$\mathbb{L} = \{3; 11\}$

**135.** a) $x^2 + \frac{2}{3}x + \frac{1}{3} = 0$

$x^2 + \frac{2}{3}x + \left(\frac{1}{3}\right)^2 = -\frac{1}{3} + \frac{1}{9}$

$\left(x + \frac{1}{3}\right)^2 = -\frac{2}{9}$

nicht erfüllbar
$\mathbb{L} = \varnothing$

b) $x^2 - \frac{1}{6x} - \frac{1}{36} = 0$

$x^2 - \frac{1}{6}x + \left(\frac{1}{12}\right)^2 = \frac{1}{36} + \frac{1}{144}$

$\left(x - \frac{1}{12}\right)^2 = \frac{5}{144}$

$\left|x - \frac{1}{12}\right| = 0,19$

$x - 0,08 = 0,19 \vee$
$x - 0,08 = -0,19$
$x = 0,27 \vee x = -0,11$
$\mathbb{L} = \{-0,11; 0,27\}$

c) $x^2 - \frac{17}{12}x + \frac{1}{2} = 0$

$x^2 - \frac{17}{12}x + 0,71^2 = -\frac{1}{2} + 0,50$

$(x - 0,71)^2 = 0$

$x = 0,71$

$\mathbb{L} = \{0,71\}$

d) $x^2 + 2x - 5 = 0$
$x^2 + 2x + 1^2 = 5 + 1$
$(x + 1)^2 = 6$
$|x + 1| = \sqrt{6}$
$x + 1 = 2,45 \vee$
$x - 1 = -2,45$
$x = 1,45 \vee x = -3,45$
$\mathbb{L} = \{1,45; -3,45\}$

**136.** a) $x^2 - 8x + 16 = 0$
$(x - 4)^2 = 0$
$x = 4$
$\mathbb{L} = \{4\}$

b) $x^2 + 4x + 2^2 = -20 + 4$
$(x + 2)^2 = -16$
nicht erfüllbar
$\mathbb{L} = \varnothing$

c) $x^2 + \frac{4}{3}x - \frac{4}{3} = 0$

$x^2 + \frac{4}{3}x + \left(\frac{2}{3}\right)^2 = \frac{4}{3} + \frac{4}{9}$

$\left(x + \frac{2}{3}\right)^2 = \frac{16}{9}$

$\left|x + \frac{2}{3}\right| = \frac{4}{3}$

$x + \frac{2}{3} = \frac{4}{3} \vee$

$x + \frac{2}{3} = -\frac{4}{3}$

$x = \frac{2}{3} \vee x = -2$

$\mathbb{L} = \left\{-2; \frac{2}{3}\right\}$

d) $x^2 - 6x + 3^2 = -16 + 9$

$(x - 3)^2 = -7$

nicht erfüllbar

$\mathbb{L} = \varnothing$

**137.** a) $168 - 8x + 21x - x^2 = 210$
$\qquad -x^2 + 13x = 42$
$\qquad x^2 - 13x + 6{,}5^2 = -42 + 42{,}25$
$\qquad (x - 6{,}5)^2 = 0{,}25$
$\qquad |x - 6{,}5| = 0{,}5$
$\qquad x - 6{,}5 = 0{,}5 \vee$
$\qquad x - 6{,}5 = -0{,}5$
$\qquad x = 7 \vee x = 6$
$\qquad \mathbb{L} = \{6; 7\}$

b) $x^2 + 4x + 4 + x^2 + 2x + 1 = 6$
$\qquad 2x^2 + 6x = 1$
$\qquad x^2 + 3x + \left(\dfrac{3}{2}\right)^2 = \dfrac{1}{2} + \dfrac{9}{4}$
$\qquad (x + 1{,}5)^2 = 2{,}75$
$\qquad |x + 1{,}5| = 1{,}66$
$\qquad x + 1{,}5 = 1{,}66 \vee$
$\qquad x + 1{,}5 = -1{,}66$
$\qquad x = 0{,}16 \vee$
$\qquad x = -3{,}16$
$\qquad \mathbb{L} = \{0{,}16; -3{,}16\}$

c) $2(x - 1)^2 + 24 = (x + 5)^2$
$\quad 2x^2 - 4x + 2 + 24 = x^2 + 10x + 25$
$\qquad x^2 - 14x + 7^2 = -1 + 49$
$\qquad (x - 7)^2 = 48$
$\qquad |x - 7| = 6{,}93$
$\qquad x - 7 = 6{,}93 \vee$
$\qquad x - 7 = -6{,}93$
$\qquad x = 13{,}93 \vee$
$\qquad x = 0{,}07$
$\quad \mathbb{L} = \{0{,}07; 13{,}93\}$

d) $2x^2 + 10 = x^2 + 2x + 1 + 12$
$\qquad x^2 - 2x + 1^2 = 3 + 1$
$\qquad (x - 1)^2 = 4$
$\qquad |x - 1| = 2$
$\qquad x - 1 = 2 \vee$
$\qquad x - 1 = -2$
$\qquad x = 3 \vee$
$\qquad x = -1$
$\quad \mathbb{L} = \{-1; 3\}$

**138.** a) $a = 1; b = -11; c = 10$

$\qquad x_{1,2} = \dfrac{1}{1 \cdot 2}\left(-(-11) + \sqrt{(-11)^2 - 4 \cdot 1 \cdot 10}\right)$

$\qquad x_{1,2} = \dfrac{1}{2}(11 \pm 9)$

$\qquad x = 10 \vee x = 1$
$\qquad \mathbb{L} = \{1; 10\}$

b) $a = 1; b = 4{,}5; c = 7$

$\qquad x_{1,2} = \dfrac{1}{1 \cdot 2}\left(-(-4{,}5) \pm \sqrt{(-4{,}5)^2 - 4 \cdot 1 \cdot 7}\right)$

$\qquad x_{1,2} = \dfrac{1}{2}(4{,}5 \pm \sqrt{-7{,}75})$

$\qquad \sqrt{-7{,}75}$ Ist nicht definiert.
$\qquad \mathbb{L} = \varnothing$

c) $a = 1; b = 10; c = 3$

$$x_{1,2} = \frac{1}{2 \cdot 1}(-10 \pm \sqrt{10^2 - 4 \cdot 1 \cdot 3})$$

$$x_{1,2} = \frac{1}{2}(-10 \pm 9{,}38)$$

$$x = -0{,}31 \vee x = -9{,}69$$

$$\mathbb{L} = \{-0{,}31; -9{,}69\}$$

d) $a = 1; b = 8; c = 7$

$$x_{1,2} = \frac{1}{1 \cdot 2}(-8 \pm \sqrt{8^2 - 4 \cdot 1 \cdot 7})$$

$$x_{1,2} = \frac{1}{2}(-8 \pm 6)$$

$$x = -1 \vee x = -7$$

$$\mathbb{L} = \{-1; -7\}$$

**139.** a) $a = 5; b = -2; c = 0{,}2$

$$D = (-2)^2 - 4 \cdot 5 \cdot 0{,}2 = 0$$

$$x = \frac{1}{2 \cdot 5}(-(-2))$$

$$x = \frac{1}{5}$$

$$\mathbb{L} = \left\{\frac{1}{5}\right\}$$

b) $a = 3; b = 9; c = 30$

$$D = 9^2 - 4 \cdot 3 \cdot (-30) = 441$$

$$x = \frac{1}{2 \cdot 3}(9 \pm \sqrt{441})$$

$$x = \frac{1}{6}(-9 \pm 21)$$

$$x = 2 \vee x = -5$$

$$\mathbb{L} = \{-5; 2\}$$

c) $a = -2; b = 26; c = -72$

$$D = 26^2 - 4 \cdot (-2) \cdot (-72) = 100$$

$$x_{1,2} = \frac{1}{2 \cdot (-2)} \cdot (-26 \pm \sqrt{100})$$

$$x_{1,2} = \frac{1}{-4}(-26 \pm 10)$$

$$x = 4 \vee x = 9$$

$$\mathbb{L} = \{4; 9\}$$

d) $a = 4; b = 9; c = -23$

$$D = 9^2 - 4 \cdot 4 (-23) = 449$$

$$x_{1,2} = \frac{1}{2 \cdot 4}\left(-9 \pm \sqrt{449}\right)$$

$$x_{1,2} = \frac{1}{8}(-9 \pm 21{,}19)$$

$$x = 1{,}52 \vee x = -3{,}77$$

$$\mathbb{L} = \{-3{,}77; 1{,}52\}$$

**140.** a) $a = \frac{1}{3}; b = -2; c = -9$

$$D = (-2)^2 - 4 \cdot \frac{1}{3} \cdot (-9) = 16$$

$$x_{1,2} = \frac{1}{2 \cdot \frac{1}{3}} \cdot (-(-2) \pm \sqrt{16})$$

$$x_{1,2} = \frac{3}{2}(2 \pm 4)$$

$$x = 9 \vee x = -3$$

$$\mathbb{L} = \{-3; 9\}$$

b) $a = 4; b = -16; c = 15$

$$D = (-16)^2 - 4 \cdot 4 \cdot 5 = 16$$

$$x_{1,2} = \frac{1}{2 \cdot 4} \cdot (-(-16) \pm \sqrt{16})$$

$$x_{1,2} = \frac{1}{8}(16 \pm 4)$$

$$x = 2{,}5 \vee x = 15$$

$$\mathbb{L} = \{1{,}5; 2{,}5\}$$

c) $a = \frac{1}{2}$ ; $b = -\frac{8}{5}$ ; $c = 3$

$D = \left(-\frac{8}{5}\right)^2 - 4 \cdot \frac{1}{2} \cdot 3 = -344$

$\mathbb{L} = \varnothing$

d) $a = 1; b = 4; c = 25$

$D = 4^2 - 4 \cdot (-1) \cdot 25 = 116$

$x_{1,2} = \frac{1}{2 \cdot (-1)}(-4 \pm \sqrt{116})$

$x_{1,2} = \frac{1}{-2}(-4 \pm 10{,}77)$

$x = -3{,}39 \vee x = 7{,}39$

$\mathbb{L} = \{-3{,}39; 7{,}39\}$

**141.** a) $x^2 + 12x - 64 = 0$

$a = 1; b = 12; c = -64$

$D = 12^2 - 4 \cdot 1 \cdot (-64) = 400$

$D > 0 \quad 2 \text{ Lösungen}$

b) $3x^2 - 6x - 15 = 0$

$a = 3; b = -6; c = -15$

$D = (-6)^2 - 4 \cdot 3 \cdot (-15) = 216$

$D > 2 \quad 2 \text{ Lösungen}$

**142.** a) $2x^2 + 2x + 1 = 0$

$a = 2; b = 2; c = 1$

$D = 2^2 - 4 \cdot 2 \cdot 1 = -4$

$D < 0: \mathbb{L} = \varnothing$

b) $5x^2 - 12x + 8 = 0$

$a = 5; b = -12; c = 8$

$D = (-12)^2 - 4 \cdot 5 \cdot 8 = -16$

$D < 0: \mathbb{L} = \varnothing$

**143.** a) $16x^2 + 104x + 169 = 0$

$a = 16; b = 104; c = 169$

$D = 104^2 - 4 \cdot 16 \cdot 169 = 0$

$D = 0: \text{ eine Lösung}$

$x = \frac{1}{2 \cdot 16} \cdot (-104)$

$x = -3{,}25$

$\mathbb{L} = \{-3{,}25\}$

b) $(x - 4)(x - 1) + x = 0$

$D = \mathbb{R}\backslash\{0; 1\}$

$x^2 - 4x + 4 = 0$

$a = 1; b = -4; c = 4$

$D = (-4)^2 - 4 \cdot 1 \cdot 4 = 0$

$D = 0 \text{ eine Lösung}$

$x = \frac{1}{2 \cdot 1} \cdot (-(-4))$

$x = 2$

$\mathbb{L} = \{2\}$

**144.1** $a = 1; b = -3$

$D = (-3)^2 - 4 \cdot 1 \cdot c$

$D = 9 - 4c$

$1 \text{ Lösung}: D = 0:$

$9 - 4c = 0$

$c = 2{,}25$

$L = \{2{,}25\}$

**144.2** keine Lösung: $D < 0$:

$9 - 4c < 0$

$-4c < -9$

$c > 2{,}25$

$\mathbb{L} = 4c \ (c > 2{,}25)$

**145.1** $a = 2; c = 10$
$D = b^2 - 4 \cdot 2 \cdot 10$
$D = b^2 - 80$
1 Lösung: $D = 0$:
$b^2 - 80 = 0$
$b^2 = 80$
$|b| = 4\sqrt{5}$
$b = 4\sqrt{5} \ \vee \ b = -4\sqrt{5}$
$\mathbb{L} = \{4\sqrt{5} \ ; -4\sqrt{5}\}$

**145.2** 2 Lösungen: $D > 0$:
$b^2 - 80 > 0$
$b^2 > 80$
$|b| > 4\sqrt{5}$
$b > 4\sqrt{5} \ \vee \ b < -4\sqrt{5}$
$\mathbb{L} = \{b \mid b > 4\sqrt{5} \ \vee \ b < -4\sqrt{5}\}$

**146.1** $a = 1; c = b$
$D = b^2 - 4 \cdot 1 \cdot b$
$D = b^2 - 4 \cdot b$
eine Lösung: $D = 0$:
$b^2 - 4b = 0$
$b(b - 4) = 0$
$b = 0 \ \vee \ b = 4$
$\mathbb{L} = \{0; 4\}$

**146.2** Lösungen: $D \geq 0$
$b^2 - 4b \geq 0$
$b(b - 4) \geq 0$
$(b \geq 0 \wedge b - 4 \geq 0) \ \vee$
$(b \leq 0 \vee b - 4 \leq 0)$
$(b \geq 0 \wedge b \geq 4) \quad \vee$
$(b \leq 0 \vee b \leq 4)$
$b \geq 4 \ \vee \ b \leq 0$
$\mathbb{L} = \{b \mid b \leq 0 \vee b \geq 4\}$

**147.** a) $S(0 \mid a)$      Gleichung des Trägergraphen: $x = 0$

b) $S(c \mid 3)$      Geichung des Trägergraphen: $y = 3$

c) $S(4 \mid -b)$      Gleichung des Trägergraphen: $x = 4$

d) $S(d \mid d)$      Gleichung des Trägergraphen: $y = x$

**148.** a) $y = a(x - 2)^2$
$y = ax^2 - 4ax + 4a$
                           b) $y = a(x - 3)^2 - 4$
                           $y = ax^2 - 6ax + 9a - 4$

**149.1** $y = x^2 - 2ax + a^2 - a^2 + a^2 + 2a$
$y = (x - a)^2 + 2a$
$S(a \mid 2a)$

**149.2** $\text{I} \ x = a \wedge \text{II} \ y = 2a$
$\text{I} \ a = x$ in II:      $y = 2 \cdot x$
Gleichung des Trägergraphen:
$g: y = 2x$

**150.1**  $P \in p(b)$: $-1 = -3^2 + b \cdot 3 + b$     $b = 2$

p:           $y = -x^2 + 2x + 2$

**150.2**  $y = -\left[ x^2 - bx + \left(\frac{b}{2}\right)^2 - \frac{b^2}{4} - b \right]$

$y = \left[ \left(x - \frac{b}{2}\right)^2 - \frac{b^2}{4} - b \right]$

$y = \left[ \left(x - \frac{b}{2}\right)^2 - \frac{b^2}{4} - b \right]$

$y = -\left(x - \frac{b}{2}\right)^2 + \frac{b^2}{4} + b$

$S\left(\frac{b}{2} \,\middle|\, \frac{b^2}{4} + b\right)$

**150.3**

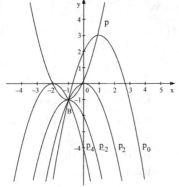

$b = -4$     $S_{-4}(-2 \mid 0)$
$b = -2$     $S_{-2}(-1 \mid -1)$
$b = 0$      $S_0(0 \mid 0)$
$b = 2$      $S_2(1 \mid 3)$

**150.4.**  I $x = \frac{b}{2}$ $\wedge$ II $y = \frac{b^2}{4} + b$

I $b = 2x$ in II: $y = \frac{1}{4} \cdot (2x)^2 + 2x$

$y = x^2 + 2x$

Alle Scheitelpunkte von p(b) liegen auf p mit $y = x^2 + 2x$.

**150.5**  $B \in p(l)$: $-1 = -(-1)^2 + b \cdot (-1) + b$

$-1 = -1 - b + b$

$-1 = -1$          (w) für alle $b \in \mathbb{R}$

**151.**  $y = -[x^2 - 14x + 49 - a]$
$y = -[(x - 7)^2 - a$
$y = -(x - 7)^2 + a$      S(7 | a)
Gleichung des Trägergraphen aller Scheitelpunkte: $x = 7$ $(x = 7 \wedge y = a)$

**152.1**  $y = x^2 + ax + \left(\dfrac{a}{2}\right)^2 - \dfrac{a^2}{4} + a^2$

$y = \left(a + \dfrac{a}{2}\right)^2 + \dfrac{3}{4}a^2$      $S\left(-\dfrac{a}{2} \,\middle|\, \dfrac{3}{4}a^2\right)$

**152.2**  I $x = -\dfrac{a}{2} \wedge$ II    $y = \dfrac{3}{4}a^2$

I $a = -2x$ in II:    $y = \dfrac{3}{4} \cdot (-2x)^2$

$y = \dfrac{3}{4} \cdot 4x^2$

$y = 3x^2$

Gleichung des Trägergraphen p: $y = 3x^2$

**153.1**  $y = -[x^2 + 2bx + b^2 - b^2 - 4b + - 1]$
$y = -[(x + b)^2 - b^2 - 4b - 1]$
$y = -(x + b)^2 + b^2 + 4b + 1$
$S(-b \,|\, b^2 + 4b + 1)$

**153.2**

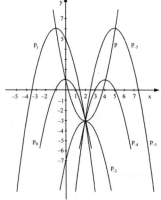

$b = -5$      $S_{-5}(5 \,|\, 6)$
$b = -4$      $S_{-4}(4 \,|\, 1)$
$b = -2$      $S_{-2}(2 \,|\, -3)$
$b = 0$      $S_0(0 \,|\, 1)$
$b = 1$      $S_1(-1 \,|\, 6)$

**153.3**  S in p eingesetzt: $b^2 + 4b + 1 = (-b)^2 - 4 \cdot (-b) + 1$
$b^2 + 4b + 1 = b^2 + 4b + 1$      (w) für alle b

**154.1**  P in p(a):  $1 = a \cdot (-4)^2 + (8a - 2) \cdot (-4) + 16a - 7$
$1 = a \cdot 16 - 32a + 8 + 16a - 7$
$1 = 1$      (w) für alle $a \in \mathbb{R}$

**154.2** $y = \left[ x^2 + \frac{2(4a-1)}{a}a + \left(\frac{4a-1}{a}\right)^2 - \frac{16a^2-8a+1}{a^2} + 16a - 7 \right]$

$= a \cdot \left[ \left(x + 4 - \frac{1}{a}\right)^2 + \frac{1}{a^2}(-16a^2 + 8a - 1 + 16a^2 - 7a) \right]$

$= a \cdot \left(x + 4 - \frac{1}{a}\right)^2 + \frac{1}{a}(a - 1)$

$y = a\left(x + 4 - \frac{1}{a}\right)^2 + 1 - \frac{1}{a}$

$S\left(-4 + \frac{1}{a} \mid 1 - \frac{1}{a}\right)$

**154.3** $I \; x = -4 + \frac{1}{a} \;\wedge\; II \; y = 1 - \frac{1}{a}$

$\frac{1}{a} = x + 4$ in II: $y = 1 - (x + 4)$

Trägergraph g: $y = -x - 3$

**155.** a)

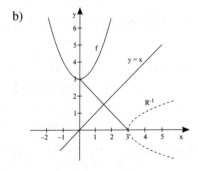

f: $y = x^2$
$R^{-1}$: $x = y^2$
$\qquad y = \sqrt{x} \;\vee\; y = -\sqrt{x}$

b)

f: $y = x^2 + 3$
$R^{-1}$: $x = y^2 + 3$
$\qquad y^2 = x - 3$
$\qquad y = \pm\sqrt{x - 3}$

c)

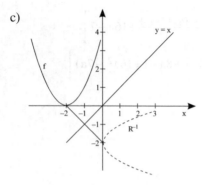

$$f: \quad y = (x + 2)^2$$
$$R^{-1}: x = (y + 2)^2$$
$$y + 2 = \pm\sqrt{x}$$
$$y = \pm\sqrt{x} - 2$$

d)

$$f: \quad y = (x - 1)^2 + 4$$
$$R^{-1}: x = (y - 1)^2 + 4$$
$$(y - 1)^2 = x - 4$$
$$y - 1 = \pm\sqrt{x-4}$$
$$y = \pm\sqrt{x-4} + 1$$

**156.** a) $S(0 \mid 2)$

Grundmenge für den rechten Parabelast: $\mathbb{R}_0^+ \times \mathbb{R}$

$f: \quad y = -x^2 + 2$      $\mathbb{D}(f) = \mathbb{R}_0^+$, $W(f) = \{y \mid y \le 2\}$

$f^{-1}: x = -y^2 + 2$
$$y^2 = -x + 2$$
$$y = \sqrt{x+2}$$      $\mathbb{D}(f^{-1}) = \{x \mid x \le 2\}$, $W(f^{-1}) = \mathbb{R}_0^+$

b) $S(2 \mid 2)$

Grundmenge für den rechten Parabelast: $\{x \mid x \ge 2\} \times \mathbb{R}$

$f: \quad y = (x - 2)^2 + 2$      $\mathbb{D}(f) = \{x \mid x \ge 2\}$, $W(f) = \{y \mid y \ge 2\}$

$f^{-1}: \quad x = (y - 2)^2 + 2$
$$(y - 2)^2 = x - 2$$
$$y - 2 = \sqrt{x-2}$$
$$y = \sqrt{x-2} + 2$$      $\mathbb{D}(f^{-1}) = \{x \mid x \ge 2\}$, $W(f^{-1}) = \{y \mid y \ge 2\}$

c)  S(4 | -3)

Grundmenge für den rechten Parabelast: $\{x \mid x \geq 4\} \times \mathbb{R}$

f:     $y = -(x-4)^2 - 3$     $\mathbb{D}(f) = \{x \mid x \geq 4\}$, $W(f) = \{y \mid y \leq -3\}$

$f^{-1}$:    $x = -(y-4)^2 - 3$

$(y-4)^2 = -x - 3$

$y - 4 = \sqrt{-x-3}$

$y = \sqrt{-x-3} + 4$     $\mathbb{D}(f^{-1}) = \{x \mid x \leq -3\}$, $W(f^{-1}) = \{x \mid x \geq 4\}$

d)  S(-1 | 5)

Grundmenge für den rechten Parabelast: $\{x \mid x \geq -1\} \times \mathbb{R}$

f:     $y = \frac{1}{2}(x+1)^2 + 5$   $\mathbb{D}(f) = \{x \mid x \geq -1\}$, $W(f) = \{y \mid y \geq 5\}$

$f^{-1}$:    $x = \frac{1}{2}(y+1)^2 + 5$

$\frac{1}{2}(y+1)^2 = x - 5$

$(y+1)^2 = 2(x-5)$

$y + 1 = \sqrt{2x-10}$

$y = \sqrt{2x-10} - 1$

$\mathbb{D}(f^{-1}) = \{x \mid x \geq 5\}$, $W(f^{-1}) = \{y \mid y \geq -1\}$

**157.**  a)  $y = x^2 - 4x + 20$

$y = (x-2)^2 + 16$

S(2 | 16)

rechter Parabelast: $\mathbb{D}(f) = \{x \mid x \geq 2\}$

$f^{-1}$:    $x = (y-2)^2 + 16$

$(y-2)^2 = x - 16$

$y - 2 = \sqrt{x-16}$

$y = \sqrt{x-16} + 2$

b)  $y = -x^2 + 10x - 25$

$y = -(x-5)^2$

S(5 | 0)

rechter Parabelast: $\mathbb{D}(f) = \{x \mid x \geq 5\}$

$f^{-1}$:    $x = -(y-5)^2$

$(y-5)^2 = -x$

$y - 5 = \sqrt{-x}$

$y = \sqrt{-x} + 5$

**158.**   a)  $f: y = -\sqrt{x}$

$\mathbb{D}(f) = \mathbb{R}_0^+ \qquad W(f) = \mathbb{R}_0^-$

$f^{-1}: x = -\sqrt{y}$

$\qquad x^2 = y$

$\qquad y = x^2$

$\mathbb{D}(f^{-1}) = \mathbb{R}_0^- \qquad W(f^{-1}) = \mathbb{R}_0^+$

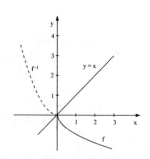

b)  $f: y = \sqrt{x+1}$

$\mathbb{D}(f) = \{y \mid y \geq -1\} \qquad W(f) = \mathbb{R}_0^+$

$f^{-1}: x = \sqrt{y+1}$

$\qquad x^2 = y + 1$

$\qquad y = x^2 - 1$

$\mathbb{D}(f^{-1}) = \mathbb{R}_0^+ \qquad W(f^{-1}) = \{y \mid y \geq -1\}$

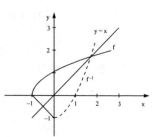

c)  $f: y = \sqrt{x} + 2$

$\mathbb{D}(f) = \mathbb{R}_0^+ \qquad W(f) = \{y \mid y \geq 2\}$

$f^{-1}: x = \sqrt{y} + 2$

$\qquad \sqrt{y} = x - 2$

$\qquad y = (x - 2)^2$

$\mathbb{D}(f^{-1}) = \{x \mid x \geq 2\} \qquad W(f^{-1}) = \mathbb{R}_0^+$

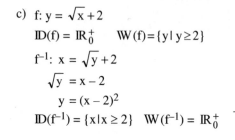
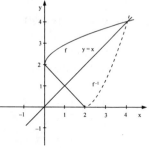

d)  $f: y = -\sqrt{x+2} - 3$

$\mathbb{D}(f) = \{x \mid x \geq -2\}$

$W(f) = \{y \mid y \mid -3\}$

$f^{-1}: \qquad x = -\sqrt{y+2} - 3$

$\qquad -\sqrt{y+2} = x + 3$

$\qquad y + 2 = (x + 3)^2$

$\qquad y = (x + 3)^2 - 2$

$\mathbb{D}(f^{-1}) = \{x \mid x \leq -3\}$

$W(f^{-1}) = \{y \mid y \geq -2\}$

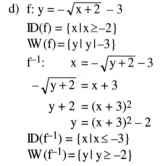
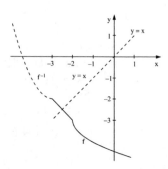

**159.** a) I $y = x^2 - 3$ $\wedge$ II $y = -x + 3$
$\quad\quad$ $x^2 - 3 = -x + 3$
$\quad\quad$ $2x^2 + x - 3 = 0$
$\quad\quad$ $x = 1 \vee x = -1,5$
$\quad\quad$ aus II $x = 1$: $\quad\quad$ $y = -1 + 3$
$\quad\quad\quad\quad\quad\quad\quad\quad\quad$ $y = 2$
$\quad\quad\quad\quad$ $x = -1,5$: $\quad$ $y = +1,5 + 3$
$\quad\quad\quad\quad\quad\quad\quad\quad\quad$ $y = 4,5$
$\quad\quad$ $\mathbb{L} = \{(1 \mid 2); (-1,5 \mid 4,5)\}$
$\quad\quad$ $P(1 \mid 2)$, $Q(-1,5 \mid 4,5)\}$

b) I $y = -x^2 - 4x$ $\wedge$ II $y = 2x + 5$
$\quad\quad$ $-x^2 - 4x = 2x + 5$
$\quad\quad$ $x^2 + 6x + 5 = 0$
$\quad\quad$ $x = -1 \vee x = -5$
$\quad\quad$ aus I $\;$ $x = -1$: $\;$ $y = 2 \cdot (-1) + 5$
$\quad\quad\quad\quad\quad\quad\quad\quad\quad$ $y = 3$
$\quad\quad\quad\quad\;$ $x = -5$: $\;$ $y = 2 \cdot (-5) + 5$
$\quad\quad\quad\quad\quad\quad\quad\quad\quad$ $y = -5$
$\quad\quad$ $\mathbb{L} = \{(-1 \mid 3); (-5 \mid -5)\}$
$\quad\quad$ $P(-1 \mid 3)$, $Q(-5 \mid -5)$

c) I $y = x^2 - 8x + 12$ $\wedge$ II $y = -x$
$\quad\quad$ $x^2 - 8x + 12 = -x$
$\quad\quad$ $x^2 - 7x + 12 = 0$
$\quad\quad$ $x = 3 \vee x = 4$
$\quad\quad$ aus II $x = 3$: $y = -3$
$\quad\quad\quad\quad$ $x = 4$: $y = -4$
$\quad\quad$ $\mathbb{L} = \{(3 \mid -3); (4 \mid -4)\}$
$\quad\quad$ $P(3 \mid -3)$, $Q(4 \mid -4)$

d) I $y = x^2 - 4x + 10$ $\wedge$ II $y = 2x + 2$
$\quad\quad$ $x^2 - 4x + 10 = 2x + 2$
$\quad\quad$ $x^2 - 6x + 8 = 0$
$\quad\quad$ $x = 2 \vee x = 4$
$\quad\quad$ aus II $x = 2$: $\quad\quad$ $y = 2 \cdot 2 + 2$
$\quad\quad\quad\quad\quad\quad\quad\quad\quad$ $y = 6$
$\quad\quad\quad\quad$ $x = 4$: $\quad\quad$ $y = 2 \cdot 4 + 2$
$\quad\quad\quad\quad\quad\quad\quad\quad\quad$ $y = 10$
$\quad\quad$ $\mathbb{L} = \{(2 \mid 6); (4 \mid 10)\}$
$\quad\quad$ $P(2 \mid 6)$, $Q(4 \mid 10)$

**160.** $\quad$ g = AB: m = $\dfrac{5 - 0,75}{1,35 + 3} = 1$

$\quad\quad$ $y = x + t$
$\quad\quad$ $A \in g$: $0,75 = -3 + t$
$\quad\quad\quad\quad\quad\quad$ $t = 3,75$
$\quad\quad$ g: $y = x + 3,75$

$\quad\quad$ $p \cap g = \{P; Q\}$
$\quad\quad$ I $y = x^2$ $\wedge$ II $y = x + 3,75$
$\quad\quad$ $x^2 = x + 3,75$
$\quad\quad$ $x^2 - x - 3,75 = 0$
$\quad\quad$ $x = 2,5 \vee x = -1,5$
$\quad\quad$ aus II $x = 2,5$: $y = 2,5 + 3,75$
$\quad\quad\quad\quad\quad\quad\quad\quad\quad$ $y = 6,25$
$\quad\quad\quad\quad$ $x = -1,5$: $y = -1,5 + 3,75$
$\quad\quad\quad\quad\quad\quad\quad\quad\quad$ $y = 2,25$
$\quad\quad$ $\mathbb{L} = \{(2,5 \mid 6,25); (-1,5 \mid 2,25)\}$
$\quad\quad$ $P(2,5 \mid 6,25)$, $Q(-1,5 \mid 2,25)$

**161.** $\quad$ Parabel: $y = -x^2 + bx + c$
$\quad\quad$ $A \in p$: $\quad\quad$ $1 = -4^2 + b \cdot 4 + c$
$\quad\quad$ I $\quad\quad$ $4b + c = 17$
$\quad\quad$ $B \in p$: 5 $\quad\quad$ $= -2^2 + b \cdot 2 + c$
$\quad\quad$ II $\quad\quad$ $2b + c = 9$

$\quad\quad$ $p \cap g = \{B\}$
$\quad\quad$ I $\quad\quad$ $y = -x^2 + 4x + 1$ $\wedge$
$\quad\quad\quad\quad\quad$ $y = x + 3,25$
$\quad\quad$ I = II $\quad$ $-x^2 + 4x + 1 = x + 3,25$
$\quad\quad\quad\quad\quad\quad$ $x^2 - 3x + 2,25 = 0$

I'             $c = 17 - 4b$                          $(x - 1,5)^2 = 0$

II'            $c = 9 - 2b$                                  $x = 1,5$

I' = II'   $17 - 4b = 9 - 2b$          aus II              $y = 1,5 + 3,25$

                  $b = 4$                                          $y = 4,75$

aus II'       $c = 9 - 2 \cdot 4$                  $\mathbb{L} = \{(1,5 \mid 4,75)\}$

                  $c = 1$                             Berührpunkt: $B(1,5 \mid 4,75)$

p:              $y = -x^2 + 4x + 1$


**162.**  g:       $m = -2$                          $p \cap g = \{A; B\}$

                  $y = -2x + t$                     I $y = x^2 + 6x - 13 \wedge$ II $y = -2x + 7$

           $A \in g: 3 = -2 \cdot 2 + t$            $x^2 + 6x - 13 = -2x + 7$

                  $t = 7$                            $x^2 + 8x - 20 = 0$

           g:       $y = -2x + 7$                    $x = 2 \vee x = -10$

                                                     aus II $x = -10$:  $y = -2 \cdot (-10) + 7$

                                                                      $y = 27$

                                                     $\mathbb{L} = \{(2 \mid 2); (-10 \mid 27)\}$

                                                     2. Schnittpunkt: $B(-10 \mid 27)$


**163.**  a)  I $y = 2x - 4 \wedge$ II $y = -2x^2 - 6x + 12$

              I = II  $2x - 4 = 2x^2 - 6x - 12$

              $2x^2 + 8x + 8 = 0$

              $D = 8^2 - 4 \cdot 2 \cdot 8$

              $D = 64 - 64 = 0$

              g ist Tangente.


          b)  I $y = 4x - 3 \wedge$ II $y = 0,5x^2 + 2x - 1$

              $0,5x^2 + 2x - 1 = 4x - 3$

              $0,5x^2 - 2x + 2 = 0$

              $D = (-2)^2 - 4 \cdot 0,5 \cdot 2 = 4 - 4 = 0$

              $D = 0$, d. h.

              g ist Tangente.


**164.**  g(t):    $y = -4x + t$

           $A \in g: 4 = -4 \cdot (-2) + t$

                  $t = -4$

           g:       $y = -4x + (-4)$

$p \cap g = \{A; B\}$

$\text{I} \quad y = -x^2 - 8x - 8 \land \text{II} \quad y = -4x - 4$

$-x^2 - 8x - 8 = -4x - 4$

$x^2 + 4x + 4 = 0$

$(x + 2)^2 = 0$

$x = -2$

p und g haben nur einen gemeinsamen Punkt.

aus II $\quad y = y = -4 \cdot (-2) - 4$

$y = 4$

$\mathbb{L} = \{(-2 \mid 4)\}, \ A(-2 \mid 4)$

p und g berühren sich, A ist der Berührpunkt.

**165.** $\quad \text{I} \quad y = -x^2 - x + 2 \land \text{II} \quad y = x + 4$

$-x^2 - x + 2 = x + 4$

$x^2 + 2x + 2 = 0$

$D = 2^2 - 4 \cdot 2 = 4 - 8 = -4 < 0$

$\mathbb{L} = \varnothing$

D < 0: g ist Passante.

**166.1** $\quad \text{I} \quad y = x + 3 \ \land \ \text{II} \quad y = -2x + 16$

$x + 3 = -2x + 16$

$3x = 13$

$x = 4\tfrac{1}{3}$

aus I $y = 7\tfrac{1}{3}$

$A\left(4\tfrac{1}{3} \,\middle|\, 7\tfrac{1}{3}\right)$

**166.2** $\quad g_1 \cap p = \{B_1\}$

$x + 3 = -\tfrac{1}{4}x^2 + 2x + 2$

$x^2 - 4x + 4 = 0$

$(x - 2)^2 = 0$

$x = 2$

ein Schnittpunkt, also Tangente:

aus $g_1$: $y = 2 + 3$

$y = 5$

$B_1(2 \mid 5)$

$g_2 \cap p = \{B_2\}$

$-2x + 16 = -\tfrac{1}{4}x^2 + 2x + 2$

$x^2 - 16x + 64 = 0$

$(x - 8)^2 = 0$

$x = 8$

ein Schnittpunkt, also Tangente:

aus $g_2$: $y = -2 \cdot 8 + 16$

$y = 0$

$B_2(8 \mid 0)$

**166.3** $\overrightarrow{B_1B_2} = \binom{8-2}{0-5} = \binom{6}{-5}$

$\overrightarrow{B_1A} = \begin{pmatrix} 4\frac{1}{3}-2 \\ 7\frac{1}{3}-5 \end{pmatrix} = \begin{pmatrix} 2\frac{1}{3} \\ 2\frac{1}{3} \end{pmatrix}$

$A = \frac{1}{2} \cdot \begin{vmatrix} 6 & 2\frac{1}{3} \\ -5 & 2\frac{1}{3} \end{vmatrix} = \frac{1}{2} \cdot \left(6 \cdot 2\frac{1}{3} - (-5) \cdot 2\frac{1}{3}\right) = \frac{1}{2}\left(\frac{6 \cdot 7}{3} + \frac{5 \cdot 7}{3}\right) = 12\frac{5}{6}$

**167.** I $y = -x^2 + 10x - 21 \wedge$ II $y = 2x - 5$   aus II $y = 2 \cdot 2 - 5$
$-x^2 + 10x - 21 = 2x - 5$            $y = -1$
$x^2 - 8x + 16 = 0$                   $\mathbb{L} = \{(4 \mid -1)\}$
$(x - 4)^2 = 0$                       Berührpunkt: B(4 $\mid$ –1)
$x = 4$
eine Lösung, d. h.: g ist Tangente.

**168.** a) I $y = -x^2 + 6x - 4$ $\wedge$ II $y = -\frac{1}{3}(x-3)^2 - 1$

$-x^2 + 6x - 4 = -\frac{1}{3}(x^2 - 6x + 9) - 1$

$-3x^2 + 18x - 2 = -x^2 + 6x - 9 - 3$

$-2x^2 + 12x = 0$

$2x(-x + 6) = 0$

$x = 0 \vee x = 6$

aus II

$x = 0$:   $y = -\frac{1}{3}(0 - 3)^2 - 1$

$y = -4$

$x = 6$:   $y = -\frac{1}{3}(6 - 3)^2 - 1$

$y = -4$

$\mathbb{L} = \{(0 \mid -4); (6 \mid -4)\}$
P(0 $\mid$ –4), Q(6 $\mid$ –4)

b) I $y = x^2 - 10x + 27 \wedge$ II $y = -2x^2 + 12x - 17$
$x^2 - 10x + 27 = -2x^2 + 12x - 17$
$3x^2 - 22x + 44 = 0$
$D = (-22)^2 - 4 \cdot 3 \cdot 44 = -44$
$D < 0: \mathbb{L} = \mathbb{Q}$, keine Schnittpunkte

c) I $y = x^2 - 2,5$  $\wedge$  II $y = -x^2 - 6x - 7$
$$-x^2 - 6x - 7 = x^2 - 2,5$$
$$2x^2 + 6x + 4,5 = 0$$
$$D = 6^2 - 4 \cdot 3 \cdot 4,5 = 0$$
$D = 0$: Tangente: Berührpunkt
$$x = -\frac{6}{2 \cdot 2}$$
$$x = -1,5$$
aus I  $y = (-1,5)^2 - 2,5$
$$y = -0,25$$
$\mathbb{L} = \{(-1,5 \mid -0,25)\}$     Berührpunkt: $B(-1,5 \mid -0,25)$

**169.1**  Parabel $p_2$:  $y = -(x + 2,5)^2 + 5,25$
$$y = -x^2 - 5x - 1$$
$p_1 \cap p_2 = \{A; B\}$
I $y = \frac{1}{8}x^2 - \frac{1}{2}x - 1$  $\wedge$  II $y = -x^2 - 5x - 1$

$$\frac{1}{8}x^2 - \frac{1}{2}x - 1 = -x^2 - 5x - 1$$
$$x^2 - 4x = -8x^2 - 40x$$
$$9x^2 + 36x = 0$$
$$x(x + 4) = 0$$
$$x = 0 \quad \vee \quad x = -4$$

aus II   $x = 0$:   $y = -1$
$\qquad\quad\ x = -4$:  $y = -(-4)^2 - 5 \cdot (-4) - 1$
$\qquad\qquad\qquad\qquad y = 3$
$\mathbb{L} = \{(0 \mid -1); (-4 \mid 3)\}$
$A(0 \mid -1); (-4 \mid 3)$

**169.2**  Gerade g: $m = \dfrac{3+1}{-4-0} = -1$

$y = -x + t$
$C \in g$:  $5 = -(-2) + t$
$\qquad\qquad t = 3$
g:  $\quad y = -x + 3$
I $y = -x^2 - 5x - 1$  $\wedge$  II $y = -x + 3$
$$-x^2 - 5x - 1 = -x + 3$$
$$x^2 + 4x + 4 = 0$$
$$(x + 2)^2 = 0$$
eine Lösung, d. h.: g ist Tangente.
Berührpunkt: $D(-2 \mid +5)$

**170.1** Parabel $p_2$:

$$A \in p: \quad 5{,}25 = \tfrac{1}{4} \cdot (-2)^2 + p \cdot (-2) + q$$

$$\text{I} \qquad -2p + q = 4{,}25$$

$$B \in p: \quad 3 = \tfrac{1}{4} \cdot 7^2 + p \cdot 7 + q$$

$$\text{II} \qquad 7p + q = -9{,}25$$

$$\text{I}' \qquad q = 4{,}25 + 2p$$

$$\text{II}' \qquad q = -9{,}25 - 7p$$

$$\text{I}' = \text{II}' \quad 4{,}25 + 2p = -9{,}2 - 7p$$

$$p = -1{,}5$$

$$\text{aus I}' \qquad q = 4{,}25 + 2 \cdot (-1{,}5)$$

$$q = 1{,}25$$

$$p_2: \qquad y = 0{,}25x^2 - 1{,}5x + 1{,}25$$

**170.2** $p_1 \cap p_2 = \{P; Q\}$

$$-(x-6)^2 + 1 = 0{,}25x^2 - 1{,}5x + 1{,}25$$

$$-x^2 + 12x - 36 + 1 = 0{,}25x^2 - 1{,}5x + 1{,}25$$

$$-1{,}25x^2 + 13{,}5x - 36{,}25 = 0$$

$$x^2 - 10{,}8x + 29 = 0$$

$$D = (-10{,}8)^2 - 4 \cdot 29 = 0{,}64$$

$$x_{1,2} = \tfrac{1}{2}(10{,}8 \pm 0{,}8)$$

$$x = 5{,}8 \quad \vee \quad x = 5$$

y aus $p_1$:  $\quad x = 5{,}8: \quad y = -(5{,}8 - 6)^2 + 1 \qquad y = 1{,}04$

$\qquad\qquad x = 5: \quad y = -(5 - 6)^2 + 1 \qquad y = 0$

$\mathbb{L} = \{(5{,}8 \mid 1{,}04); (5 \mid 0)\}$

Schnittpunkte: $P(5{,}8 \mid 1{,}04)$, $Q(5 \mid 0)$

**171.1** $\text{I} \; y = \tfrac{1}{2}x^2 - 4 \; \wedge \; \text{II} \; y = 2x + t$

$$\tfrac{1}{2}x^2 - 4 = 2x + t$$

$$x^2 - 4x - 8 - 2t = 0$$

$$D = (-4)^2 - 4(-8 - 2t)$$

$$D = 16 + 32 + 8t = 8t + 48$$

$$D = 0: \quad 8t + 48 = 0$$

$$t = -6$$

Tangente: $g: y = 2x - 6$

**171.2** $x^2 - 4x - 8 - 2t = 0$

Passantenbedingung: $D < 0$

$$8t + 48 < 0$$

$$t < -6$$

Passanten für $t < -6$

Berührpunkt:

$$x = -\frac{-4}{2} \qquad x = 2$$

aus g: $y = 2 \cdot 2 - 6 \quad y = -2$

$\mathbb{L} = \{(2 \mid -2)\}$

$B(2 \mid -2)$

**172.1** Parabel $p_1$: $y = -x^2 + bx + c$

$A \in p_1$: $\qquad -4 = -1^2 + b \cdot 1 + c$

I $\qquad b + c = -3$

$B \in p_1$: $\qquad 1 = -6^2 + 6 \cdot b + c$

II $\qquad 6b + c = 37$

I' $\qquad c = -3 - b$

II' $\qquad c = 37 - 6b$

I' = II' $\quad -3 - b = 37 - 6b$

$\qquad b = 8$

$\qquad c = -3 - 8$

$\qquad c = -11$

$p_1$: $\qquad y = -x^2 + 8x - 11$

**172.2** I $y = -x^2 + 8x - 11 \quad \wedge \quad$ II $y = 2x + t$

$\qquad -x^2 + 8x - 11 = 2x + t$

$\qquad -x^2 + 6x - 11 - t = 0$

$\qquad D = 6^2 - 4 \cdot (-1) \cdot (-11 - t)$

$\qquad D = -4t - 8$

Tangente: $D = 0$: $-4t - 8 = 0$

$\qquad t = -2$

g: $y = 2x - 2$

**172.3** $x = \dfrac{-6}{2 \cdot (-1)} \quad x = 3$

y aus g: $y = 2 \cdot 3 - 2$

$\qquad y = 4$

$\mathbb{L} = \{(3 \mid 4)\}$, Berührpunkt B $(3 \mid 4)$

**172.4** Sekantenbedingung: $D > 0$

$-4t - 8 > 0$

$t < -2$

$x_{1,2} = \dfrac{1}{2 \cdot (-1)} \cdot (-6 \pm \sqrt{-4t-8})$

$x_{1,2} = 3 \mp \sqrt{-t-2}$

aus g: $y = 4 \mp 2\sqrt{-t-2}$

$\mathbb{L} = \{(3 + \sqrt{-t-2} \mid 4 + 2\sqrt{-t-2}); (3 - \sqrt{-t-2} \mid 4 - 2\sqrt{-t-2})\}$

Schnittpunkte:

$P(3 + \sqrt{-t-2} \mid 4 + 2\sqrt{-t-2})$, $Q(3 - \sqrt{-t-2} \mid 4 - 2\sqrt{-t-2})$

**173.1** g(m): $y = m(x - 3) - 2$

$y = mx - 3m - 2$

**173.2** I $y = x^2 - 4x + 5$ $\wedge$

II $y = mx - 3m - 2$

$x^2 - 4x + 5 = mx - 3m - 2$

$x^2 - (4 + m)x + 3m + 7 = 0$

$D = [-(4 + m)]^2 - 4(3m + 7)$

$D = 16 + 8m + m^2 - 12m - 28$

$D = m^2 - 4m - 12$

Tangente: $D = 0$

$m^2 - 4m - 12 = 0$

$(m - 2)^2 = 16$

$|m - 2| = 4$

$m - 2 = 4$ $\vee$ $m - 2 = -4$

$m = 6$ $\vee$ $m = -2$

$m = 6$: $t_1$: $y = 6x - 20$

$m = -2$: $t_2$: $y = -2x + 4$

**173.3** $m = 6$: $x = \dfrac{4 + 6}{2}$ $x = 5$

aus $t_1$: $y = 6 \cdot 5 - 20$ $y = 10$

$\mathbb{L} = \{(5 \mid 10)\}$, $B_1(5 \mid 10)$

$m = -2$: $x = \dfrac{4 - 2}{2}$ $x = 1$

aus $t_2$: $y = -2 \cdot 1 + 4$ $y = 2$

$\mathbb{L} = \{(1 \mid 2)\}$, $B_2(1 \mid 2)$

**174.** P als Büschelpunkt:

g(m): $y = m(x - 5) + 2$

$y = mx - 5m + 2$

I $y = x^2 - 8x + 17$ $\wedge$ II $y = mx - 5m + 2$

$x^2 - 8x + 17 = mx - 5m + 2$

$x^2 - (8 + m)x + 5m + 15 = 0$

$D = [-(8 + m)]^2 - 4(5m + 15)$

$D = 64 + 16m + m^2 - 20m - 60$

$D = m^2 - 4m + 4$

Tangente: $D = 0$

$m^2 - 4m + 4 \ = 0$

$\quad (m - 2)^2 = 0$

$\qquad\quad m \ = 2$

t: $y = 2x - 8$

**175.1** $g(m): y = m(x - 1) - 4$

$\qquad\quad y = mx - m - 4$

I $\ y = -x^2 + 4x - 7 \quad \wedge \quad$ II $\ y = mx - m - 4$

$-x^2 + 4x - 7 = mx - m - 4$

$-x^2 + (4 - m)x + m - 3 = 0$

$D = (4 - m)^2 - 4 \cdot (-1) \cdot (m - 3)$

$D = 16 - 8m + m^2 + 4m - 12$

$D = m^2 - 4m + 4$

Tangente: $D = 0$

$m^2 - 4m + 4 \ = 0$

$\quad (m^2 - 2)^2 = 0$

$\qquad\quad m = 2$

g: $y = 2x - 6$

**175.2** I $\ y = 2x - 6 \quad \wedge \quad$ II $\ y = -x^2 + 8x - 15$

$\qquad\quad 2x - 6 = -x^2 + 8x - 15$

$x^2 - 6x + 9 \ = 0$

$\quad (x - 3)^2 \ = 0$

$\qquad\quad x = 3$

g und $p_2$ haben einen gemeinsamen Punkt, also ist g Tangente an $p_2$.

**176.** P als Büschelpunkt:

$g(m): y = m(x - 1) + 2$

$\qquad\quad y = mx - m + 2$

I $\ y = -x^2 + 5 \quad \wedge \quad$ II $\ y = mx - m + 2$

$-x^2 + 5 = mx - m + 2$

$-x^2 - mx + m + 3 = 0$

$D = (-m)^2 - 4 \cdot (-1) \cdot (m + 3)$

$D = m^2 + 4m + 12$

$D = 0$

$m^2 + 4m + 12 = 0$

$\quad (m + 2)^2 = -8$

$\mathbb{L} = \varnothing$

Es ist keine Tangente möglich.

**177.**  B als Büschelpunkt:

$g(m)$:  $y = m(x + 1) + 2$

$y = mx + m + 2$

I  $y = -x^2 + 3$  $\wedge$  II  $y = mx + m + 2$

$-x^2 + 3 = mx + m + 2$

$-x^2 - mx + 1 - m = 0$

$D = (-m)^2 - 4 \cdot (-1) \cdot (1 - m)$

$D = m^2 - 4m + 4$

Tangente: $D = 0$

$m^2 - 4m + 4 = 0$

$(m - 2)^2 = 0$

$m = 2$

Tangente: t: $y = 2x + 4$

**178.1**  I  $y = x^2 + 6x + 8$  $\wedge$  II  $y = 2x + 8$

$x^2 + 6x + 8 = 2x + 8$

$x^2 + 4x = 0$

$x(x + 4) = 0$

$x = 0 \vee x = -4$

aus II  $x = 0$:  $y = 8$

$x = -4$:  $y = 0$

$\mathbb{L} = \{(0 \mid 8); (-4 \mid 0)\}$

$A(-4 \mid 0), B(0 \mid 8)$

**178.2**  A als Büschelpunkt:

$g(m)$:  $y = m(x + 4) + 0$

$y = mx + 4m$

I  $y = x^2 + 6x + 8$  $\wedge$  II  $y = mx + 4m$

$x^2 + 6x + 8 = mx + 4m$

$x^2 + (6 - m)x + 8 - 4m = 0$

$D = (6 - m)^2 - 4(8 - 4m)$

$D = 36 - 12m + m^2 - 32 + 16m$

$D = m^2 + 4m + 4$

Tangente: $D = 0$

$m^2 + 4m + 4 = 0$

$(x + 2)^2 = 0$

$m = -2$

$t_1$: $y = -2x - 8$

**178.3**  $g(t)$: $y = 2x + t$
  I $y = x^2 + 6x + 8$  $\wedge$    II $y = 2x + t$
  $x^2 + 6x + 8 = 2x + t$
  $x^2 + 4x + 8 - t = 0$
  $D = 4^2 - 4(8 - t)$
  $D = 4t - 16$
  Tangente: $D = 0$
  $4t - 16 = 0$
       $t = 4$
  $t_2$: $y = 2x + 4$

**179.**  I $y = x^2 - ax - 3 \wedge$ II $y = 2x - 4$
         $x^2 - ax - 3 = 2x - 4$
  $x^2 - (a + 2)x + 1 = 0$
  $D = [-(a + 2)]^2 - 4$
  $D = a^2 + 4a + 4 - 4$
  $D = a^2 + 4a$
  Tangente: $D = 0$
  $a(a + 4) = 0$
  $a = 0 \vee a = -4$
  Berührpunkte:
  $a = 0$:  $x = \dfrac{-(0 + 2)}{2}$        $x = 1$
        aus II: $y = 2 \cdot 1 - 4$      $y = -2$
        $B_1(1 \mid -2)$
  $a = -4$: $x = -\dfrac{-(-4 + 2)}{2}$       $x = -1$
        aus II: $y = 2 \cdot (-1) - 4$   $y = -6$
        $B_2(-1 \mid -6)$

**180.**  I $y = -x^2 + ax + a \wedge$ II $y = 4x + 4$
         $-x^2 + ax + a = 4x + 4$
  $-x^2 + (a - 4)x + a - 4 = 0$
  $D = (a - 4)^2 - 4 \cdot (-1) \cdot (a - 4)$
  $D = a^2 - 8a + 16 + 4a - 16$
  $D = a^2 - 4a$
  Tangente: $D = 0$
  $a(a - 4) = 0$
  $a = 0 \vee a = 4$

Berührpunkte:

$a = 0$: $x = -\dfrac{(0-4)}{2 \cdot (-1)}$ $\qquad$ $x = -2$

$\qquad$ aus II $y = 4 \cdot 4 \cdot (-2) + 4$ $\quad$ $y = -4$

$\qquad$ $B_1(-2 \mid -4)$

$a = 4$: $x = -\dfrac{4-4}{2 \cdot (-1)}$ $\qquad$ $x = 0$

$\qquad$ aus II $y = 4 \cdot 0 + 4$ $\qquad$ $y = 4$

$\qquad$ $B_2(0 \mid 4)$

**181.** $\quad$ I $y = -2x + 1 \;\wedge\;$ II $y = x^2 - (a+1)x + 9$ $\qquad (a-1)^2 = 32$

$\qquad\qquad -2x + 1 = x^2 - (a+1)x + 9$ $\qquad |a-1| = 4\sqrt{2}$

$\qquad x^2 + (1-a)x + 8 = 0$

$\qquad D = (1-a)^2 - 4 \cdot 8$ $\qquad a = 4\sqrt{2} + 1 \;\vee\; a = -4\sqrt{2} + 1$

$\qquad D = 1 - 2a + a^2 - 32$

$\qquad D = a^2 - 2a - 31$

$\qquad$ Tangente: $D = 0$

$\qquad a^2 - 2a - 31 = 0$

**182.1** $\quad$ I $y = -(x+a)^2 + 2a - 3 \;\wedge\;$ II $y = -2x - 2$

$\qquad\qquad -(x+a)^2 + 2a - 3 = -2x - 2$

$\qquad\qquad -x^2 - 2ax - a^2 + 2a - 3 = -2x - 2$

$\qquad -x^2 + (2-2a)x - a^2 + 2a - 1 = 0$

$\qquad D = (2-2a)^2 - 4 \cdot (-1) \cdot (-a^2 + 2a - 1)$

$\qquad D = 4 - 8a + 4a^2 - 4a^2 + 8a - 4$

$\qquad D = 0$ für alle $a \in \mathbb{R}$

$\qquad$ d. h.: für jedes $a \in \mathbb{R}$, also für jede Parabel ist g Tangente.

**182.2** $\quad x = -\dfrac{2-2a}{2 \cdot (-1)}$

$\qquad x = 1 - a$

$\qquad$ aus II: $y = -2(1-a) - 2$

$\qquad\qquad y = 2a - 4$

$\qquad$ Berührpunkt: $B(1 - a \mid 2a - 4)$

**183.** $\quad$ I $y = x^2 + a \;\wedge\;$ II $y = -x^2 - 6x - 7$ $\qquad\qquad$ Tangente: $\qquad D = 0$

$\qquad\qquad x^2 + a = -x^2 - 6x - 7$ $\qquad\qquad\qquad 8a - 20 = 0$

$\qquad 2x^2 + 6x + a + 7 = 0$ $\qquad\qquad\qquad\qquad\qquad a = -2,5$

$\qquad D = 6^2 - 4 \cdot 2 \cdot (a + 7)$

$\qquad D = 36 - 8a - 56$

$\qquad D = -8a - 20$

**184.1** I $y = -x^2 + a$ $\quad \wedge \quad$ II $y = x^2 + 4x + 5$ $\qquad$ Tangente: $\qquad$ D = 0

$\qquad\qquad -x^2 + a = x^2 + 4x + 5$ $\qquad\qquad\qquad 8a - 24 = 0$

$\qquad 2x^2 + 4x + 5 - a = 0$ $\qquad\qquad\qquad\qquad\qquad a = 3$

$\qquad D = 4^2 - 4 \cdot 2 \cdot (5 - a)$

$\qquad D = 16 - 40 + 8a$

$\qquad D = 8a - 24$

**184.2** $d = 3$: p: $y = -x^2 + 3$

$\qquad$ Berührpunkt:

$\qquad x = -\dfrac{4}{2 \cdot 2}$ $\qquad\qquad x = -1$

$\qquad$ aus p: $y = -(-1)^2 + 3$ $\qquad y = 2$

$\qquad$ B(−1 | 2)

**184.3** I $y = -x^2 + 3$ $\quad \wedge \quad$ II $y = 2x + 4$

$\qquad -x^2 + 3 = 2x + 4$

$\qquad x^2 + 2x + 1 = 0$

$\qquad (x + 1)^2 = 0$

$\qquad x = -1$

Ein Schnittpunkt, also berühren sich p und g in B (wegen $x = -1$!), also berühren sich auch p' und g in B.

**185.1** I $y = \dfrac{2}{3} x^2 - 5$ $\quad \wedge \quad$ II $y = x^2 + 2ax + 3a^2 - 5$

$\qquad\qquad \dfrac{2}{3} x^2 - 5 = x^2 + 2ax + 3a^2 - 5$

$\qquad \dfrac{1}{3} x^2 + 2ax + 3a^2 = 0$

$\qquad\quad x^2 + 6ax + 9a^2 = 0$

$\qquad\qquad (x + 3a)^2 = 0$

Eine Lösung: Die Parabel $p_1$ berührt alle Parabeln von p(a).

**185.2** $x = -3a$

$\qquad$ aus I $y = \dfrac{2}{3} (-3a)^2 - 5$

$\qquad\qquad y = 6a^2 - 5$

$\qquad$ B(−3a | 6a^2 − 5)

# Ihre Meinung ist uns wichtig!

Ihre Anregungen sind uns immer willkommen.
Bitte informieren Sie uns mit diesem Schein über Ihre
Verbesserungsvorschläge!

| Titel-Nr. | Seite | Fehler, Vorschlag |
|-----------|-------|-------------------|
|           |       |                   |
|           |       |                   |
|           |       |                   |
|           |       |                   |
|           |       |                   |
|           |       |                   |
|           |       |                   |
|           |       |                   |
|           |       |                   |
|           |       |                   |
|           |       |                   |
|           |       |                   |
|           |       |                   |
|           |       |                   |

**STARK**
*Damit lernen einfacher wird ... !*

9-V29

Bitte ausfüllen und im frankierten Umschlag
an uns einsenden. Für Fensterkuverts geeignet.

**Zutreffendes bitte ankreuzen!**

**Die Absenderin / der Absender ist:**

☐ Lehrer/in
☐ Fachbetreuer/in
   Fächer:
☐ Seminarlehrer/in
   Fächer:
☐ Regierungsfachberater/in
   Fächer:
☐ Oberstufenbetreuer/in
☐ Schulleiter/in

☐ Leiter/in Lehrerbibliothek
☐ Leiter/in Schülerbibliothek
☐ Referendar/in, Termin 2. Staats-
   examen:
☐ Sekretariat
☐ Schüler/in, Klasse:
☐ Eltern
☐ Sonstiges:

**Unterrichtsfächer:** (Bei Lehrkräften!)

# STARK Verlag
## Postfach 1852
## 85318 Freising

Kennen Sie Ihre Kundennummer?
Bitte hier eintragen.

**Absender** (Bitte in Druckbuchstaben!)

Name/Vorname

Straße/Nr.

PLZ/Ort

Telefon privat     Geburtsjahr

Schule/Schulstempel (Bitte immer angeben!)

Bitte hier abtrennen

# Training für Schüler

Faktenwissen und praxisgerechte Übungen mit vollständigen Lösungen.

## Mathematik

**Mathematik Training Funktionen I, II/III – 8. bis 10. Kl.**
■ Best.-Nr. 91408 ................................ DM 16,90

**Mathematik Training I und II/III – 8. Klasse**
■ Best.-Nr. 91406 ................................ DM 16,90

**Übungsaufgaben Mathematik I – 9. Klasse**
■ Best.-Nr. 91405 ................................ DM 14,90

**Übungsaufgaben Mathematik II/III – 9. Klasse**
■ Best.-Nr. 91415 ................................ DM 12,90

**Mathematik Training Probezeit 7. Klasse**
■ Best.-Nr. 91407 ................................ DM 16,90

**Mathematik Training Übertritt 6. Klasse**
■ Best.-Nr. 93406 ................................ DM 16,90

**Formelsammlung Mathematik – 7. bis 10. Klasse**
■ Best.-Nr. 81400 ................................ DM 9,90

## Englisch

**Realschule Training Englisch Hörverstehen 10. Klasse** **NEU**
Texte, von native speakers gesprochen, mit Aufgaben und Lösungen. **CD mit Begleitbuch.**
■ Best.-Nr. 91457 ................................ DM 24,90

**Englisch – Wortschatz Realschule**
■ Best.-Nr. 91455 ................................ DM 17,90

**Englisch 10. Klasse**
■ Best.-Nr. 90510 ................................ DM 18,90

**Comprehension 3 / 10. Klasse**
■ Best.-Nr. 91454 ................................ DM 16,90

**Translation Practice 2 / ab 10. Klasse**
■ Best.-Nr. 80452 ................................ DM 15,90

**Englisch Training – Leseverstehen 10. Klasse** **NEU**
■ Best.-Nr. 90521 ................................ DM 18,90

**Englische Rechtschreibung – 9./10. Klasse**
■ Best.-Nr. 80453 ................................ DM 15,90

**Englisch 9. Klasse**
■ Best.-Nr. 90509 ................................ DM 18,90

**Comprehension 2 / 9. Klasse**
■ Best.-Nr. 91452 ................................ DM 14,90

**Translation Practice 1 / ab 9. Klasse**
■ Best.-Nr. 80451 ................................ DM 15,90

**Englisch – Hörverstehen 9. Klasse** **NEU**
Texte, von native speakers gesprochen, mit Aufgaben und Lösungen. **CD mit Begleitbuch.**
■ Best.-Nr. 90515 ................................ DM 24,90

**Englisch 8. Klasse**
■ Best.-Nr. 90508 ................................ DM 18,90

**Comprehension 1 / 8. Klasse**
■ Best.-Nr. 91453 ................................ DM 14,90

**Englisch 7. Klasse** **NEU**
■ Best.-Nr. 90507 ................................ DM 18,90

**Englisch 6. Klasse**
■ Best.-Nr. 90506 ................................ DM 18,90

**Englisch – Hörverstehen 6. Klasse**
Texte, von native speakers gesprochen, mit Aufgaben und Lösungen. **CD mit Begleitbuch.**
■ Best.-Nr. 90511 ................................ DM 24,90

**Englisch 5. Klasse**
■ Best.-Nr. 90505 ................................ DM 18,90

**Englisch – Hörverstehen 5. Klasse**
Texte, von native speakers gesprochen, mit Aufgaben und Lösungen. **CD mit Begleitbuch.**
■ Best.-Nr. 90512 ................................ DM 24,90

**Englisch – Rechtschreibung und Diktat 5. Klasse** **NEU**
Texte und Übungen, von native speakers gesprochen, mit Lösungen. **CD mit Begleitbuch.**
■ Best.-Nr. 90531 ................................ DM 24,90

## Deutsch

**Realschule Training Deutsch Erörterung – Textgebundener Aufsatz 9./10. Klasse**
■ Best.-Nr. 80401 ................................ DM 18,90

**Realschule Training Deutsch – Aufsatz 7./8. Klasse**
■ Best.-Nr. 91442 ................................ DM 17,90

**Deutsche Rechtschreibung 5.–10. Klasse**
■ Best.-Nr. 93442 ................................ DM 16,90

**Lexikon zur Kinder- und Jugendliteratur Autorenportraits und literarische Begriffe**
■ Best.-Nr. 93443 ................................ DM 14,90

## Französisch/Rechnungswesen

**Französisch – Sprechsituationen und Dolmetschen**
Übungsaufgaben für die mündliche Prüfung an Realschulen. Mit Lösungen. **2 CDs mit Begleitbuch.**
■ Best.-Nr. 91461 ................................ DM 24,90

**Realschule Training Rechnungswesen 9. Klasse**
■ Best.-Nr. 91470 ................................ DM 16,90

**Realschule Training Rechnungswesen Lösungen 9. Kl.**
■ Best.-Nr. 91470L ................................ DM 6,90

*(Bitte blättern Sie um)*

# Abschlussprüfungen

Für jedes wichtige Prüfungsfach mit vielen Jahrgängen der zentral gestellten Prüfungsaufgaben an Realschulen in Bayern – einschließlich des aktuellen Jahrgangs 1999 – mit vollständigen Lösungen. Da erfährt jeder Schüler, worauf es ankommt, und geht sicher in die Abschlussprüfung.

## Mathematik

**Abschlussprüfung Mathematik I**
1990–1999: Mit vollständigen Lösungen.
■ Best.-Nr. 91500 ........................... DM 12,90

**Abschlussprüfung Mathematik II/III** NEU BEARBEITUNG
1993–1999: Mit vollständigen Lösungen.
■ Best.-Nr. 91511 ........................... DM 12,90

## Deutsch

**Abschlussprüfung Deutsch**
1987–1999: Mit vollständigen Lösungen.
■ Best.-Nr. 91544 ........................... DM 12,90

## Physik

**Abschlussprüfung Physik**
1997–1999: Mit vollständigen Lösungen.
■ Best.-Nr. 91530 ........................... DM 12,90

## Englisch/Französisch

**Abschlussprüfung Englisch** NEU BEARBEITUNG
1989–1999: Mit Lösungen, Lernhilfen zu den Bereichen Grammar, Questions, Vocabulary, Translation und Guided Writing sowie einer Kurzgrammatik.
■ Best.-Nr. 91550 ........................... DM 12,90

**Abschlussprüfung Englisch mit CD** NEU
1989–1999: Mit Lösungen, Lernhilfen zu den Bereichen Grammar, Questions, Vocabulary, Translation und Guided Writing sowie einer Kurzgrammatik. Zusätzlich mit Hörverständnistests der Abschlussprüfungen 1998 und 1999 auf CD.
■ Best.-Nr. 91552 ........................... DM 19,90

**Abschlussprüfung Französisch**
1994–1999: Mit vollständigen Lösungen.
■ Best.-Nr. 91553 ........................... DM 10,90

## Sozialwesen/Hauswirtschaft

**Abschlussprüfung Sozialwesen**
1994–1999: Mit vollständigen Lösungen.
■ Best.-Nr. 91580 ........................... DM 10,90

**Abschlussprüfung Hauswirtschaft**
1994–1999: Mit vollständigen Lösungen.
■ Best.-Nr. 91595 ........................... DM 10,90

## Rechnungswesen

**Abschlussprüfung Rechnungswesen**
1997–1999: Mit vollständigen Lösungen.
■ Best.-Nr. 91570 ........................... DM 12,90

## Kunst/Werken

**Abschlussprüfung Kunst**
1994–1999: Mit vollständigen Lösungen.
■ Best.-Nr. 91596 ........................... DM 10,90

**Abschlussprüfung Werken**
1994–1999: Mit vollständigen Lösungen.
■ Best.-Nr. 91594 ........................... DM 10,90

## Sammelbände

**Fächerkombination M, PH – Wahlpflichtfächergruppe I**
1996–1999: Mathematik mit vollständigen Lösungen; 1997–1999: Physik mit vollständigen Lösungen.
■ Best.-Nr. 91402 ........................... DM 5,90

**Fächerkombination D, E – Wahlpflichtfächergruppe I u. II/III**
1996–1999: Mit vollständigen Lösungen.
■ Best.-Nr. 91403 ........................... DM 5,90

**Fächerkombination M, RW – Wahlpflichtfächergruppe II/III**
1996–1999: Mathematik mit vollständigen Lösungen; 1997–1999: Rechnungswesen mit Lösungen.
■ Best.-Nr. 91412 ........................... DM 5,90

**Sammelband M, D, E, PH – Wahlpflichtfächergruppe I**
1996–1999: Mathematik, Deutsch, Englisch – jeweils mit vollständigen Lösungen; 1997–1999: Physik mit vollständigen Lösungen.
■ Best.-Nr. 91401 ........................... DM 12,90

**Sammelband M, D, E, RW – Wahlpflichtfächergruppe II/III**
1996–1999: Mathematik, Deutsch, Englisch – jeweils mit vollständigen Lösungen; 1997–1999: Rechnungswesen mit vollständigen Lösungen.
■ Best.-Nr. 91411 ........................... DM 12,90

## Ratgeber für Schüler

**Richtig Lernen**
Tipps und Lernstrategien für die 5. bis 7. Klasse
mit Elternbegleitheft
■ Best.-Nr. 10481 ........................... DM 12,90